Chasses fragiles

Chasses fragiles

Un flâneur parmi les herbes

Patrick Reumaux

iconographie de
Pierre Moënne-Loccoz

de natura rerum
klincksieck

isbn : 978-2-252-03952-6

« La résolution des problèmes synonymiques qui, pour les spécialistes, se présente journellement, ne donne que des résultats insignifiants ou stériles pour un travail énorme et fastidieux [...] Il importe peu qu'une espèce, suffisamment décrite et caractérisée, porte tel ou tel nom et que l'on fasse jouer à tout propos et hors de propos la loi de priorité. »

(Eugène Séguy, *La Faune de la France*, VIII,
Paris, Éd. Delagrave, 1983)

Faisant, d'un à-peu-près d'artiste
Un philosophe d'à peu près,
Râleur de soleil ou de frais
En dehors de l'humaine piste

(Tristan Corbière, *Les Amours jaunes*)

In Memoriam

Dans les années 1985, avec Pierre Moënne-Loccoz (1920-2012), de très loin le meilleur illustrateur naturaliste de sa génération, nous avons traqué les Orchidées dans l'idée de publier à la Fédération Mycologique & Botanique Dauphiné-Savoie un petit livre illustré de planches exécutées aux crayons de couleur. Et puis… et puis les années ont passé. Bien plus tard, un fragment du texte (*Ashes to Ashes*) a paru dans la N.R.F. de Jacques Réda, puis *Chasses Fragiles* (1997) chez Phébus. Plus tard encore, les planches ont été publiées séparément chez un éditeur d'Annecy, le tout un peu au petit bonheur la veine, ou la déveine, comme on voudra.

Trente ans plus tard, le projet tel qu'il fut conçu voit ici le jour.

P. R.

Au diable vau var

Dans le coffre, du pain, des fromages qui commencent à sentir, des bouteilles d'eau pour lutter contre la chaleur. Un flacon à cyanure, des rouleaux de papier d'argent, un enfantin filet à papillons. Deux seaux, l'un rose avec une pin-up, l'autre d'un bleu catastrophique, comme l'aurore dans les poèmes de Mallarmé. Et une glacière, énorme, à l'intérieur de laquelle un dernier seau, plus majestueux, a l'air d'attendre d'être rempli.
Si j'étais douanier – au rythme de l'inflation verte, les douaniers de la nature sont pour bientôt –, c'est la glacière qui me paraîtrait suspecte. On a soif, direz-vous. Mais on ne boit tout de même pas au seau comme les vaches à l'abreuvoir. Il ne fait pas bon se balader en Suisse, par exemple, avec une glacière dans le coffre. Les Suisses sont impitoyables. À la Renaissance, mercenaires, on pouvait les acheter. Plus aujourd'hui. On ne peut que déposer de l'argent dans leurs banques. Si on en a. Mais nous ne sommes pas gens d'argent. Des voleurs peut-être mais pas des marchands. Nous avons même horreur des marchands.
Nous avons aussi, pour des raisons différentes, horreur des notaires. Surtout de ceux qui sont assermentés. Car les notaires (sauf le mien, bien entendu) sont à la fois des marchands et des voleurs. Et à ceux qui nous reprocheraient de ne pas être marchands mais d'être voleurs, nous répondrons que nous ne sommes pas assermentés. Nous ne volons que ce qui nous plaît, sans tricher sur la marchandise.
Dans l'habitacle de la voiture, l'air est vicié. Mais pas par le second flacon à cyanure, posé dans le vide-gants. Du cendrier dépassent d'inqualifiables longs mégots. Des demi-cigarettes froides, roulées à la main avec du gris. À cette odeur de Caporal se mêle l'odeur, suavement toxique, du tabac blond. Des esprits mal intentionnés pourraient croire que nous toussons. Pas du tout. Personne ne tousse. Geo, la femme de Pierre Moënne-Loccoz, est habituée. Françoise, la mienne, aujourd'hui n'est pas là. Les derniers temps, ma mère toussait. Ce n'est pas sa toux que j'entends, mais un merle, arrivé sous mes fenêtres le printemps qui a suivi sa mort. Un merle au chant invraisemblable. Je ne sais pas pourquoi, dès que je l'ai entendu, j'ai pensé que c'était ma mère qui sifflait.
La conversation ? D'une haute tenue scientifique. Nous dissertons sur le *Cortinarius crassus* de Fries qui n'est pas, contrairement à l'avis des Allemands, identique au *pseudocrassus* de

Josserand. Quant au *crassus* des Hollandais, il n'a rien à voir : c'est une espèce puante, une sorte de *variecolor* des feuillus. À mesure que les espèces défilent, le ton monte, la bile s'échauffe. Les injures commencent à voler bas ; « Il faut être vraiment débile pour croire que… »
– Et le *crassus* du docteur Henry ? demande Pierre.
J'éprouve un remords envers le docteur Henry, mon Maître, l'homme au monde qui connaît le mieux les Cortinaires. Un hiver, à Vesoul, Pierre et moi l'avons enfumé. Assis à sa table de travail, le docteur déterminait avec maestria. Au bout d'une heure, nous le distinguions à peine à travers l'épais brouillard. Naturellement, c'est un homme d'une grande courtoisie, et ce qui me surprit fut de le voir se lever, à la fin de la séance, frais comme une rose, alors que nous commencions à avoir le teint jaune, les yeux piquants. Ce petit mystère m'intrigua. Mais pas longtemps.
Pour lutter contre un mal sournois, le docteur, depuis quarante ans, ne mange que des haricots verts. Rien que des haricots verts. Des salades de haricots verts, des soufflés au haricot vert, des tartares de haricots verts, des sorbets de haricots verts, ce qui lui permet non seulement de défier les années, mais de résister victorieusement aux mycologues qui veulent synonymiser ses espèces et à ceux qui viennent l'enfumer dans sa tanière.
Geo écoute la conversation d'une oreille distraite. Les métamorphoses du *Cortinarius crassus* de Fries ne lui semblent pas d'un intérêt primordial. Elle a tort, la synonymie est la plaie des sciences naturelles.
Synonymiser deux plantes voisines, en effet, c'est ne voir que leurs ressemblances. On dira qu'elles sont « affines ». Mais cela crève les yeux qu'elles le sont. Ce qui est intéressant, ce n'est pas en quoi elles se ressemblent, mais en quoi elles diffèrent. Car il y a beau temps que les ressemblances ont été repérées.
En Botanique, l'inventaire des espèces, pour la flore européenne, est achevé ou en voie d'achèvement. L'inventaire des dissonances, au contraire, c'est-à-dire celui des sous-espèces, variétés et formes, est à peine commencé. Être synonymiste, c'est nier l'existence des variations ou, ce qui revient au même, leur dénier la moindre valeur systématique. C'est les figer dans le cadre rigide que leur a assigné Linné, à l'esprit à peu près aussi souple que du béton armé.
– À votre avis, me demande Pierre, pourquoi les Hollandais et, de façon plus générale, les Scandinaves sont-ils tellement synonymistes ?
J'ai une théorie. Ne parlons pas de reproches secondaires. Les Hollandais ont empoisonné Spinoza. Les Suédois, par l'intermédiaire de la reine Christine, assassiné Descartes en le laissant mourir de froid. Les Danois n'ont jamais lu un traître mot de Kierkegaard, le seul penseur jamais né sur leurs terres. Quant aux Norvégiens, que les Danois détestent, ils n'ont guère le temps de philosopher, occupés qu'ils sont à synonymiser.
Tous ces peuples luttent ou ont lutté contre la mer. Ceux qui ne l'ont pas fait auraient pu le faire. Ils en ont conçu une profonde aversion pour le mouvant. Ils ne se sentent à l'aise que sur le plancher des vaches et, comme rien ne ressemble plus à une vache qu'une autre vache – qu'on ne vienne pas me parler des différentes races de vaches, ce serait un argument spécieux –, ils sont par nature inclinés à la synonymie, de la même manière que les danseuses lèvent la jambe, que les corneilles bayent aux imbéciles et que la chute des feuilles inspire les mirlitons.
– Intéressant, dit Pierre. Vous êtes sûr que c'est pour ça ?
– Non, mais ça pourrait l'être.

Jo ne rêvasse que d'un œil, l'autre traîne sur les talus.

– Là ! s'écrie-t-elle.

Pierre, qui a oublié son existence, freine comme un perdu. La voiture s'arrête avec un hoquet. Où sommes-nous ? Dans le Var, quelque part entre Hyères et Pierrefeu. Il fait chaud. À part des Allemands en goguette, le pays est désert, le ciel semblable à celui qui enchantait Limbour « d'un atroce bleu d'aveugle ». Nous sont épargnés l'odeur de thym et le crincrin des cigales. La terre, dans les vignobles, est par endroits d'un ocre rouge. Certaines vignes sont abandonnées, frangées de pins sur la hauteur avec parfois, entre la lisière des ceps et celle des bois, de broussailleuses terrasses calcaires. Tiens donc ! Geo descend, jette un coup d'œil sur le talus, revient, l'air désolé.

– Excusez-moi, j'ai cru voir...

Il y a pourtant quelque chose d'intéressant sur le talus : l'Inule de Sicile (*Inula sicula* [1]) qui se reconnaît à ses feuilles très étroites, roulées sur les bords, à sa tige rougeâtre dans le haut, aux bractées de l'involucre un peu membraneuses, rentrantes et pourprées au sommet. C'est une longue fleur maigre qui a la raideur d'un héron. Une Inule qui ne ressemble pas aux autres. La preuve : Linné la classa dans les Érigérons, De Candolle dans les Jasiones.

Un temps, je me suis intéressé aux Composées jaunes, pas toutes faciles à déterminer, ces fleurs que les gens appellent soit pissenlits, soit marguerites (« Regardez, une marguerite jaune ! »). Je ne vais pas cracher sur la grande flore de Bonnier, qui a fait ma joie, mais il faut reconnaître que déterminer une Épervière, par exemple, avec cette flore, relève de l'exploit. Maintes fleurs appartenant à cette gigantesque famille ne sont plus aujourd'hui pour moi que des noms sans signification, mais il m'est resté l'amour des Inules. Pourquoi les Inules, je n'en sais rien. Je me rappelle, dans les Ardennes, un champ d'Inules aunées (*Inula helenium*), l'œil-de-cheval, aux feuilles cotonneuses et aux racines aromatiques, qui ont de si multiples vertus qu'on les a comparées au quinquina. Il y avait, au milieu du champ, quelques poiriers croulants cernés de ronces où fourmillaient les oiseaux, surveillés par ces hautes sentinelles à l'œil jaune – certaines atteignaient presque deux mètres – et au cotonneux pelage. À la lisière du champ, des peupliers abritaient des troupes de loriots. Tout cela, disparu. Le remembrement est passé. *La lumière des Inules / était le front têtu*... je ne me rappelle plus la suite du poème, lové dans un coin de ma mémoire, en compagnie de l'Inule conyze (*Inula conyza*) l'herbe-aux-mouches, aux bractées ciliées sur les bords, à l'odeur fétide, mortelle pour les mouches ; aussi de l'Inule d'Angleterre (*Inula britannica*) qui soigne les morsures de vipères et de l'herbe-de-saint-Roch (*Inula dysenterica*) aux feuilles cloquées, en fer de flèche au sommet qui, nous dit Linné, fut employée avec succès pour soigner les dysenteries suédoises.

J'ai gardé pour la fin celle que je préfère, l'Inule à feuilles de saule (*Inula salicina*) aux bractées et aux feuilles renversées comme par un ouragan. C'est une plante à l'air hirsute. Les fleurs en languette qui entourent le capitule se tordent et s'enroulent, ainsi que les feuilles, qui sont rudes au toucher et, comme les feuilles de

1. Ne courant pas après la nomenclature, j'ai suivi celle de Bonnier, édition de 1981. Seule la nomenclature des Orchidées a été mise à jour.

saule, d'un blanc grisâtre au-dessous diffusant une extraordinaire lumière éteinte.
– Qu'est-ce qu'on fait de la sicilienne ? dit Pierre. Je n'aurai pas le temps de la dessiner. On l'envoie à Poirier ?
– À Poirier, évidemment.
De Jacques Poirier, il est difficile de parler. Il a l'âme à fleur de peau, l'épiderme ultrasensible à l'ironie. Je pourrais faire son éloge, si je le fais il sera fou de rage, disant qu'il a horreur des éloges en général, du sien en particulier. Et puis je ne suis pas particulièrement porté sur l'éloge, sinon je serais devenu sous-préfet. Je pourrais toujours citer une anecdote, deux. Dire qu'il est sans doute le seul mycologue français à ignorer son propre numéro de téléphone, mais à connaître par cœur celui d'un bureau où personne ne peut le joindre. Et certainement le seul citoyen de ce pays capable, lorsqu'un garçon de restaurant lui demande comment il aime le steak tartare, de répondre : « saignant ». Mais l'anecdote est, comme l'épigramme, un genre mineur, je n'ose penser à ce qui se passerait si j'écrivais une épigramme sur Poirier. Dans le style de celle-ci, obscène, de Martial :

Mentula tam magna est quantus tibi, Papyle, nasus
Ut possis, quotiens arrigis, olfacere.[2]

À la réflexion, la meilleure méthode pour parler de Poirier est celle employée par saint Thomas d'Aquin pour parler de Dieu : Dire tout ce qu'il n'est pas.
Ainsi, il n'est manifestement pas avare. Il n'hésite pas, pour photographier une plante, à multiplier les clichés. Il n'a non plus rien de mesquin. À la différence de la plupart des gens, il s'enchante lorsqu'un événement heureux arrive à l'un de ses amis. Et rien non plus de sportif.
– Comment, rien de sportif ?
– Non, il marche à petits pas.
– Vous ne vous rendez pas compte, il va écumer de rage si vous dites qu'il marche à petits pas.
– En effet. Donc à grands pas.
– Si vous lui dites qu'il marche à grands pas...
Le lecteur comprendra mon embarras. Car si je ne peux dire qu'il marche à petits pas, ni qu'il marche à grands pas, je ne peux pas non plus dire qu'il marche. Et si je dis qu'il ne marche pas, c'est embêtant. C'est qu'il est assis. Et je ne sais pas comment il s'assoit, à grands ou petits pas. Ou s'il n'est jamais assis, puisqu'il est tout le temps dehors, par monts et par vaux, à marcher.
– J'espère qu'il ne va pas rater l'Inule, dit Pierre. Vous vous rappelez sa période funèbre ?
C'est vieux. Poirier a le sens des formes. Ce que Georges Becker appelle l'œil filtrant. Un œil à la fois capable de filtrer le paysage pour découvrir ce qu'il cherche et, l'ayant trouvé, de saisir le ou les détails significatifs. J'ai vu Poirier s'accroupir dans la mousse avec un flair de chien truffier, pousser un cri de joie en découvrant un Inocybe minuscule à peine plus gros que ces mouches drosophiles, qui sont les oubliées de la création.
L'Inule pieusement rangée dans la glacière, nous repartons.
– J'espère que nous allons en trouver, dit Geo.
Sans nul doute. Nous sommes en chasse. Nous allons brigander sur les terrains de chasse propices au brigandage. Chasses fragiles. À mesure que les heures passent, la glacière se remplit. Bien sûr, nous admirons les fleurs que nous avons trouvées, et celles que nous n'avons pas

2. Ta mentule est si grande, Papylus, que ton nez peut la sentir à chaque fois que tu bandes.

trouvées nous les rêvons. Tous les botanistes savent cela. Ils connaissent d'abord telle rareté dans les atlas, les flores où elles sont décrites, figurées. Et puis un jour, dans un fossé, sur un talus ou le long d'une clairvoyante lisière, ils rencontrent, par hasard le plus souvent, une plante – il y en a d'infimes – qui les émerveille. L'hôtel donne directement sur la mer. En semaine, il est désert, la plage aussi. Le patron ressemble à un renard albinos. L'après-midi, dans la chambre, Pierre dessine. Geo se baigne, Françoise est venue me rejoindre. L'eau n'est pas la flaque tiède qu'elle deviendra fin juin, à l'arrivée des hordes. Elle a, sous l'illusion bleue, une froideur un peu grise qui rappelle l'océan. Pierre dessine toujours. Nous nous baignons. Un jour, il pleuvra. L'orage, avant de tomber sur la mer, résonnera longtemps dans les collines. Les gouttes de pluie sont tièdes, larges comme des assiettes. Au fond de son terrier, le renard albinos les compte. Chaque goutte porte le deuil d'un touriste. Traversée de courants chauds, la mer a la chair de poule. Sur les toits, les puffins ricanent. Dans la chambre, Pierre dessine toujours.

Que dessine-t-il ? Et qui sommes-nous, qui ricanons sur ce bord de mer ? Des écologistes ? Non, il y a un certain nombre de différences entre les écologistes et nous.

Les écologistes ne rient jamais. Ils se déplacent dans la Nature en chuchotant, comme les touristes turcs dans la cathédrale Saint-Pierre, à Rome, ou les paparazzi dans la mosquée de Constantinople. Ils éprouvent, vis-à-vis de la Nature, des sentiments patrimoniaux. Ils ont une mission, ce qui les apparente aux illuminés. Ils sont, en ce sens, aussi dangereux, capables de vous tirer à vue s'ils vous voient ramasser une pâquerette. La pâquerette, comme le reste, doit être sauvée. Téléphonant dans le Midi pour dire qu'il allait chercher des orchidées (le lecteur l'a compris, c'est aux orchidées que nous nous intéressons), Pierre s'entendit répondre : « Si on vous voit en cueillir, on va vous fusiller. » Il hésitait à faire le voyage. Cela le décida, il est de nature belliqueuse. Il y a quelque chose d'agaçant dans cette sévérité aveugle, qui n'est qu'un avatar du calvinisme le plus atroce (*nos* gentianes, *nos* orchidées, *nos* femmes, *nos* enfants). Ce n'est pas la cueillette, le plus souvent innocente, qu'il faut interdire, mais la destruction des biotopes par des promoteurs imbéciles – je veux dire qui n'ont plus de sang, mais de l'argent dans les veines – aussi bien que ceux qui sont corrompus jusqu'au trognon, accrochés au pouvoir comme des bernacles à une épave. Bien sûr, cela fait partie du programme vert, mais je voudrais savoir ce qui différencie ce programme d'un programme de pouvoir. Ils se déplacent donc, ces Messieurs verts, dans la Nature en souliers vernis, ne sachant jamais s'ils s'y trouvent ou pas, car on ne sait guère où elle commence et où elle finit, la Nature – cet infect talus, en Seine-Saint-Denis, où pousse de façon ahurissante la Centaurée du solstice (*Centaurea solstitialis*) qu'on ne trouve qu'en Provence, est-ce un fragment de nature ou un fragment de banlieue ? –, avec un sentiment de crainte religieuse, osant à peine lever le nez car derrière chaque vivant pilier, ce n'est pas l'âme ricanante de Baudelaire qui est cachée, mais celle de Luther, ce rat, prêt à verbaliser.

Les écologistes ne pleurent jamais. Ils gagnent les élections, se congratulent, fourbissent des armes contre leurs ennemis, qui ne sont ni les promoteurs ni les hommes politiques véreux, mais vous ou moi, de candides promeneurs, pris en flagrant délit, une Inule à la boutonnière ou une Orchidée sur l'oreille comme un garçon boucher son crayon. (S'ils voyaient ce qu'il y a dans la glacière, ils tomberaient raides.) Ou plutôt c'est nous qui risquerions de tomber raides. Car ces gens-là ne font pas de quartier : ils vous envoient au peloton d'exécution. Seulement, comme ils ont les mains propres et la chemise de l'âme lessivée, ils vous expliquent pourquoi. N'ayant pas d'affectivité (ne pleurant ni ne riant), ils compensent en rationalisant. Ils ont du logos, en pédagogues-nés sèment la bonne parole.

Il faut ici se munir de gros tampons de ouate ou de boules Quies pour ne pas écouter. Le malheureux qui écoute est perdu. Il lui faudra faire des efforts nietzschéens pour ne pas rire devant l'infâme salmigondis de concepts mal digérés qui lui est servi : il errera, comme sur un chemin de croix, de station en biotope, de type en écotype, de Ph en Pv, jusqu'au moment où il comprendra que celui qui parle n'a pas la moindre idée du sens des mots qu'il emploie, tel ce prince italien de la Renaissance, que sa femme trompait tous les jours et qui dissertait sur sa fidélité : *Cornuto contento*.

Les écologistes ont le teint frais, l'œil vif, la petite salade facile. Extirpant des culs-de-basse-fosse de la philosophie occidentale le concept de Nature, ils s'y accrochent comme un navigateur au mât, et en tirent toutes les conséquences. Notamment celle-ci que la Nature (c'est écrit dans les livres) est une Mère et qu'une Mère ne peut être que bonne.

Ils se munissent donc, le dimanche, de jolis paniers d'osier tressés par de vrais nomades, par d'authentiques romanichels brevetés errants, et s'éparpillent dans les champs à la recherche des bons produits de la Nature.

Ils ont dans la poche un ou plusieurs guides – fruit des cogitations d'éditeurs en difficulté – illustrés de photographies de mauvaise qualité (achetées au rabais) représentant des plantes dont on voit mal les détails, déterminées sous des noms fantaisistes par « le grand spécialiste » de la question (c'est écrit sur la quatrième de couverture) dont personne n'a jamais entendu parler.

Dès qu'ils sont « sur le terrain », ils dégainent le guide comme un héros de western le colt. Attention aux sales bêtes, les mouches ou autres libellules qui vont se poser sur « nos plantes ». L'œil torve, au ras des sourcils, ils avancent lentement, balayant du regard la sylve environnante. Que cherchent-ils ? Essentiellement deux choses : des racines et de la salade. Les racines, c'est pour les « bonnes tisanes » qui les débarrassent de leurs maux de tête ou d'estomac. Les salades : pour le régime ou contre le cholestérol. Ils abhorrent, évidemment, tout ce qui fait le sel de la vie : rognons, tête de veau, andouillettes, pied de porc, ris d'agneau (à la provençale ou non), tripes, cervelle, museau, tartare (saignant ou non). Ils n'en pincent que pour les tisanes et les salubres salades de Notre Mère Nature. Déjà, au marché, le cresson leur a paru avoir un goût sauvage.

– Là ! dit-il, tombant en arrêt.

– Quoi ? dit-elle.

– Ça, dit-il.

Tous les sens en alerte, ils retiennent leur souffle, l'œil rivé sur une ombelle. Le vent aussi s'est pâmé. Seules les mouches continuent de forniquer.

– Une carotte sauvage, dit-elle.

– Tu es sûre ? dit-il.

– Oui, dit-elle. La voilà en photo dans le guide.

Évidemment, ils meurent par tombereaux. Les uns infusent des racines de Vératre blanc (*Veratrum album*) en les prenant pour des racines de gentianes. Les autres font des salades avec l'Ethuse petite Ciguë (*Aethusa cynapium*) ou grignotent les racines de l'Œnanthe safranée

(*Œnanthe crocata*). Les plus bêtes, ou ceux qui se sont aventurés dans les marais, broutent les feuilles de la grande Ciguë (*Conium maculatum*). Vous me direz alors, ce qui est un peu cruel, qu'on en est débarrassé. Pas du tout. Le risque ne les effraie pas. Pour dix qui meurent, mille achètent le guide. Il y a des collections de poche, faites exprès. Moins le guide est cher, plus ils sont nombreux à l'acheter. Ils sont des milliers comme les grenouilles, les moustiques, les taons (Exode, 7, 10), comme les serpents brûlants (Nombres, 21, 6), comme les sauterelles (Apocalypse, 9) sortant, à l'appel du Cinquième Ange, de l'abîme…

Les écologistes se déplacent en troupe, le plus souvent dans des cars, par les vitres desquels ils admirent le paysage (surtout les points de vue). Quand ils n'admirent pas, ils inclinent le dossier du siège, y posent la tête et, les yeux mi-clos, composent des hymnes à la Nature. Quand ils ne voyagent pas, ils se réunissent pour se passer les diapos du dernier voyage ou préparer le suivant. Ce sont les champions du monde du voyage organisé.

Sur le terrain, pilotés par des guides expérimentés toujours qualifiés « d'exquis », ils se rendent directement sur les « stations » où poussent les plantes qu'ils veulent voir. Le car s'arrête au bon endroit. Ils s'égaillent dans les friches. Bientôt, de tous côtés, s'élèvent des cris. Les dames sont dans un état voisin de la pâmoison. Les messieurs fourbissent leur arme préférée : le Nikon ou le Leica. Vont-ils photographier les dames ? Pas du tout. Ne voulant pas gâcher de pellicule, ils ne photographient que les fleurs. L'instantané devient chez eux une seconde nature.

De halte en halte, le voyage ressemble à une série d'arrêts dans les épiceries les mieux approvisionnées de la Nature. Le soir, à l'auberge ou au restaurant – près de la mer, le coucher de soleil est toujours inoubliable ; en montagne, on aperçoit toujours la neige sur les glaciers –, après avoir dégusté des spécialités locales, ils écoutent des groupes folkloriques afin de s'imprégner de l'esprit des lieux.

Il se produit alors un clivage très net dans le groupe : il y a ceux qui boivent et ceux qui ne boivent pas. L'imagination enflammée, les premiers se mettent à composer des poèmes lyriques bâtis sur une métaphore unique : la ressemblance entre les plantes qu'ils ont trouvées et les organes sexuels humains. De tels excès sont tolérés par ceux qui ne boivent pas, qui ont cependant la mine un peu tristounette et s'efforcent de ne pas écouter en écrivant des cartes postales. Vient-on à faire remarquer qu'il y a tout de même une limite à la vulgarité, on se voit objecter que le nabot en train de déclamer des vers insanes est « un bon garçon », « qui ne ferait pas de mal à une mouche ».

Ensuite… Ensuite, zut. Il est sept heures ou à peu près. Dans la chambre, Pierre vient de terminer la planche qu'il a commencée au début de l'après-midi. Il a choisi de représenter le Sérapias langue (*Serapias lingua*) que nous avons vu en abondance. Les plantes qu'il a sélectionnées ont un port svelte, un long labelle mince, dardé comme une langue de vipère. La couleur du labelle est étonnamment variable. Ce qui étonne plus encore : la diversité des teintes ; du rouge tranche de foie au rose parme, jusqu'à un rose d'une transparence presque impossible à rendre. Mais il l'a rendue, l'animal. Sur le papier, soigneusement tendu la veille sur une planche de bois, les fleurs sont vivantes. Dans le verre, elles meurent.

In memoriam. Puisque nous sommes dans le Var, il faut d'abord parler des orchidées disparues : l'Ophrys miroir (*ciliata*), l'Ophrys guêpe (*ten-*

thredinifera) et l'Orchis des collines (*collina*) qui illumine l'avant-printemps. À ces trois plantes, il faut rajouter l'Ophrys bourdon (*bombiliflora*) dont il ne reste guère, dans la presqu'île de Giens, que deux ou trois colonies.
Disparues. Fantômes plutôt. En 1964 les botanistes allemands Engel et Sundermann signalent trois pieds maigres d'*Anacamptis collina* dans les environs d'Hyères. En 1969, découverte encore plus ahurissante : un botaniste français en aurait rencontré « une belle colonie » dans les Alpes-Maritimes.
Signalé par Bonnier, par Camus, par l'abbé Coste, dans les vieux salins d'Hyères, l'Ophrys miroir n'y a pas reparu, ou de manière secrète, spectrale, comme une rumeur. Même chose pour l'Ophrys guêpe que l'on devrait encore trouver dans les environs de Solliès-Pont ou sur les terrasses calcaires des Alpes-Maritimes. On devrait le trouver, mais on ne le trouve pas. Ou celui qui le trouve le garde pour lui, comme un avare un trésor. Il y a ainsi une guerre sourde entre ceux qui l'ont vu et refusent de dire où, n'exhibant que des diapos, ce qui n'est pas une preuve puisqu'elles peuvent avoir été prises n'importe où, et ceux qui, ne l'ayant pas vu, refusent de croire que d'autres aient pu le voir. Avec d'imprévisibles coups de tonnerre. Au printemps 1974, par exemple, un botaniste découvre l'Ophrys miroir dans le sud-est de la Charente, près de Brossac. Un seul pied, avec deux fleurs, dont l'une fanée. Et si on ne le croyait pas ? Il ameute les autorités. Toute la société d'Orchidophilie défile et mitraille l'Ophrys sous toutes ses coutures.
Le comble est, évidemment, alors que l'inventaire des espèces est à peu près terminé, de découvrir une espèce non encore décrite, ou des espèces signalées dans les pays voisins et non encore signalées en France. C'est que maquis et friches, dans le sud, prairies et tourbières en montagne sont immenses et réduit, hélas, le nombre de botanistes, amateurs ou professionnels.
Pour l'Ophrys bourdon, le problème est différent. On peut se faire indiquer la station par un botaniste ami, ou la chercher soi-même. On se trouve alors confronté au problème des cerbères. Nombreuses sont les propriétés privées, dans la presqu'île de Giens, et nombreux les cerbères à gueule écumante, qu'ils aient deux ou quatre pattes. J'y ai laissé, dans cette presqu'île de rêve, des fonds de culotte accrochés aux barbelés et retrouvé le plaisir tonique d'être coursé par des chiens. Pierre ayant une peur bleue des canidés, pas question d'aller à la recherche d'*Ophrys bombiliflora*.
L'Orchis à longue corne alors (*Anacamptis longicornu*) ? Il s'est réfugié en Corse. Bonnier pourtant le signale aux environs de Bandol. Je m'y suis rendu avec Georges Bru, que j'ai arraché à sa cave où il dessine des personnages que l'on croise dans la rue et sur lesquels on se retourne pour être sûr que l'on n'a pas rêvé.
Partir avec Georges aux Orchidées, c'est quelque chose. Il a horreur du dehors, n'aime que les entrailles du dedans, craint la chaleur, s'emmitoufle, entasse, sur le siège arrière de la voiture, serviette sur serviette. Je demande : « Pour quoi faire ? » Il répond : « Pour m'essuyer. Je transpire, mon pauvre ami, moins que la femme à la grosse hanche, mais plus que l'homme à la main posée. »
– Tu n'as qu'à ouvrir la fenêtre.
– Tu plaisantes ? Et les courants d'air ? Tu veux me faire mourir...
À vingt mètres de la portière, une touffe énorme de plantes d'un jaune agressif aux capitules vernis d'or, comme les soleils sur les réclames vantant les qualités de l'huile de tournesol.

Un Chrysanthème délirant, portant couronne (*Chrysanthemum coronarium*). Sur le bord de mer, on trouve une autre Composée ligneuse, l'Anacycle radié (*Anacyclus radiatus*), dont les fleurs en languette, je t'aime-un-peu-beaucoup-passionnément-à-la-folie-pas-du-tout, sont d'un jaune aussi éclatant, et qui arrache les mains quand on veut la cueillir, accrochée avec une rage pierreuse dans le sol.
Georges s'en contrefiche, il pense à la grosse hanche qu'il vient de dessiner. À la rigueur, l'Anacycle pourrait trouver place, avec les autres fleurs des Folies Bergère, sur l'une des jarretelles qui lui sont chères. Nous partons, direction Bandol. Je lui dis qu'en 1925... On imagine, sur le bord de mer, à l'ombre des ombrelles, des femmes bien en chair, à la peau laiteuse, aux veines du cou rougissant sous les compliments que les messieurs, arborant d'audacieux maillots de bains à rayures, bagnards du plaisir, troussent du bout de leur moustache en croc.
Plus d'élégantes à la belle chair, à Bandol. Rien que de vieilles carnes nues jusqu'au trognon et des gamines trop vertes qui jouent au bord de l'eau près du casino en deuil. Une frange de vaguelettes, une maigre plage et, au-delà, sur des kilomètres, une mer de béton. Le littoral ressemble au pont d'un cuirassé. Pas la moindre friche à des lieues à la ronde. Pas l'ombre du moindre bouquet de pins maritimes. Ne parlons pas d'Orchidées, la flore entière a disparu, assassinée par le fric.
Il faut faire demi-tour. Je propose à Georges d'aller dans les collines calcaires de Carqueiranne, particulièrement au Mont des Oiseaux.
C'est une longue trotte. Il a chaud, mais il est prêt à tout. Il a déjà trempé trois serviettes. Remplacé un visage par l'autre. Résolument pris la mine « monstre de gentillesse ». Encouragé, je lui explique les différents étages de ces collines sur lesquelles nous avons des chances de rencontrer des Orchidées. Il fronce un sourcil, je comprends qu'il vaut mieux me taire.
– Alors, où est-il ce Mont des Oiseaux ?
Depuis une bonne demi-heure, nous errons dans les lotissements. Tous les deux cents mètres, nous sommes arrêtés par des gardes. Nous avons tout de suite été repérés par les cerbères perchés dans les miradors : voiture suspecte dans les lotissements. Atteinte à la propriété privée. Incendiaires en puissance. Trublions indésirables sur la route qui va des « Pins Pignons » à « Ombres bleues », stationnant avec insistance au carrefour de « Mon Rêve » et des « Ludions ».
Les chiens hurlent. Les cerbères aboient. D'Orchidées point. À peine quelques glaïeuls et, çà et là, un ail nervuré de mauve. Défunt, le Mont des Oiseaux. Défunts les Ophrys qui en parsemaient les pentes. Défunts. À la place, un repaire de petits-bourgeois replets, chacun dans son lopin à l'ombre de trois pins maigres et de plantes grasses bouffies d'orgueil, le pire qui soit : celui des parvenus.
Je dis :
– On met le feu ?
– Tu es fou, dit Georges, au prix où sont les allumettes.
Il faut reconnaître que Bru, qui reste obstinément dans sa voiture pendant que je vadrouille – et c'est parfois long –, la barbe en bataille et les yeux fixés sur un livre que l'on est en droit de soupçonner qu'il ne lit pas, est l'individu suspect par excellence. Qu'est-ce qu'est en train de mijoter ce rapin, qui stationne depuis une demi-heure au bord d'une friche en faisant semblant de lire ? Il n'y a que deux hypothèses possibles : Ou c'est un satyre qui attend une gamine (nos femmes, nos enfants) ou un

pyromane qui attend le moment propice pour mettre le feu (nos fermes, nos forêts).
– Fait chaud, dit Georges quand je reviens. Tu ne crois pas qu'on pourrait aller boire un petit Listel ?
Je fulmine. Qu'est-ce qui lui prend de me parler de Listel ? Je cherche l'Orchis de Champagneux (*Anacamptis champagneuxii*) que je devrais trouver et que je ne trouve pas. Et puis cet Ophrys extraordinaire, d'un noir de suie, que je n'ai rencontré qu'une fois en abondance quand il s'appelait encore *atrata* et qui porte maintenant le nom d'Ophrys incube (*incubacea*), ce qui lui va mieux car la suie brillante de son labelle sort directement des mains du diable, qui l'a façonné. Je sais qu'il est fané, cet Ophrys, mais je m'acharne. Il est trop tard pour l'incube, trop tôt pour le démon. Au bas des pentes de la Colle Noire, Bru, enfermé dans sa bagnole comme dans une forteresse, lit le Bestiaire fantastique de Borges. Je zigzague entre le talus de la route et les premières pentes. Dans les endroits découverts, entre les buissons, me regardent sans ciller les Sérapias en cœur. Pas hauts, mais d'autant plus hiératiques. Le labelle est d'un rouge si sombre que, tel un inépuisable buvard, il absorbe la lumière. Je me demande ce qui confère à cette plante, ici de taille médiocre, son hiératisme. La façon particulière qu'elle a d'occuper l'espace, qui rappelle la terrible symétrie du tigre de Blake ? Et puis autre chose. Tous les Sérapias tirent la langue. Celui-ci n'en a pas. Il vous tire le cœur.
Si Pierre se couche avec les poules, il se lève avant les coqs. Il part, avec les oiseaux qui commencent à s'ébrouer, en catimini dans la presqu'île. L'alibi : les provisions pour le pique-nique de la mi-journée. Le moteur : acheter deux paquets de gris, l'un de première nécessité, l'autre de secours.
Je préfère le crépuscule pour me promener sur le tombolo. Je n'y cherche pas la Matthiole tricuspide, qui ne pousse que là, j'ai une sainte horreur de la plupart des Crucifères, qui deviennent grasses dès qu'elles croissent dans le sable, comme cette giroflée au fruit tuméfié semblable au sexe d'un roquet. J'y trouve, tandis que se lèvent les flamants, une Inule duvetée de rêve (*Inula odora*) qui saigne jaune dans le couchant.
Mais le soleil flambe, nous sommes au col de Gratteloup, nous le passons. À l'arrière de la voiture, Françoise et Geo discutent à mi-voix de ces choses dont les femmes discutent à mi-voix. Devant, Pierre et moi fumons à mi-poumons, l'œil rivé sur les talus. Dès que nous apercevons un Sérapias, nous nous arrêtons. Comme il y en a des milliers, nous nous arrêtons mille fois. D'abord le Sérapias négligé (*S. neglecta*) au labelle démesuré, d'un rose avivé par endroits sous la mèche d'un tendre fouet, ou veinulé comme le cou des petites filles modèles qui savaient rougir à point nommé. Puis des Sérapias en cœur, beaucoup plus hauts que ceux de la Colle Noire. Un peu plus loin encore, d'autres plantes, plus sveltes, dardant une langue de vipère que l'on entend presque siffler. Et plus loin… Et encore plus loin. Je me demande si ce n'est pas en allant de Sérapias en Sérapias que Zénon d'Élée a conçu l'aporie d'Achille et de la Tortue. Car s'il paraît évident que les plantes sont immobiles et que nous nous déplaçons, il ne l'est pas moins que, chaque fois que nous levons les yeux de la touffe à laquelle nous sommes parvenus, nous apercevons un peu plus loin une autre touffe, qui a l'air d'être la même, de s'être déplacée sans que nous y prenions garde et qui nous dévisage d'un air narquois. Il y a des Sérapias. Il y en a même tellement qu'il s'agit maintenant de les déterminer, ce qui,

dans certains cas, n'est pas une petite affaire. Et puis des Ophrys. Et des Céphalanthères, qui se ferment et meurent dès qu'on les cueille. Il est un peu tard pour la Néotinée, mais qui sait? L'œil devient plus que filtrant, semblable à un œil de mouche qui ne voit pas un talus, mais quatre mille talus dans quatre mille facettes.
Bien sûr, nous ne quittons pas la lisière. Tant pis pour la Nature, ce sera pour une autre fois, l'hiver, au coin du feu, quand nous aurons la goutte, et un bon vieux livre sur les genoux pour nous endormir, quand en compagnie d'un écrivain à odeur de terroir nous tournerons à la corne du bois avant de nous enfoncer, afin de percer le mystère, au cœur de la garrigue ou de la forêt.
La garrigue n'a pas plus de cœur qu'un serpent de paupières. Il faut tordre le cou au mythe de la Nature, un vieux radeau sans méduse. Il n'y a pas de nature ici, il n'y a que des broussailles, une profusion de cistes, des lavandes, un maigre plan de lin, une graminée que Poirier trouvera détestable, l'Ægylops allongé (*Ægylops triuncialis*) aux longues glumelles dressées sous l'effet d'une sorte de rage. Si j'étais méchant, je dirais qu'il faut laisser la Nature aux naturistes et ne garder que la culture des naturalistes.
Les Naturalistes. Justement les voici. Nous sommes dans le bois du Rouquan que nous avons, Dieu sait pourquoi, eu un mal de chien à trouver. À la Garde-Freinet, avec Geo nous remarquons un panneau indiquant « Syndicat d'Initiative ». Nous le suivons naïvement et débouchons sur un camping. Sacré pays. Plus futé, Pierre demande le chemin à un joueur de pétanque qui nous envoie au diable vau Var. J'ai oublié d'avertir Pierre que nous ne parlons pas la même langue. Eux, les Provençaux, sont d'Oc. Nous parlons la langue d'Oil, où le mensonge est bien huilé. En Oc, le mensonge rocaille tout de suite. Il est, dès les premiers mots, lancé à la face du monde. Il proclame que le ciel est bleu et vous envoie au diable en chantant.
Ils ne veulent pas qu'on trouve le bois du Rouquan? Eh bien, on le trouvera quand même. Il a l'air assez minable, ce bois, ce qui est bon signe pour les orchidées. L'embêtant est que nous ne sommes pas seuls. Entendant craquer une brindille, je lève les yeux. Comme j'étais accroupi, le nez sur un Sérapias, j'aperçois une paire d'espadrilles facilement identifiables : comme elles ne sont pas cordées, mais ont des semelles et des renforts de caoutchouc, ce ne sont pas celles d'un autochtone.
Au-dessus des espadrilles, des chaussettes courtes, en nylon, unies, sans motifs d'hippocampes ni gerbes de blé. De là partent deux jambes assez fluettes, bien blanches, sans le moindre poil. L'appareil photo est posé à l'horizontale sur la bedaine. Le tout est complété d'un chapeau. Un instant, j'espère le casque colonial, mais ce n'est qu'un chapeau de toile, avec deux trous.
Les pieds, aux orteils immobiles, me regardent avec curiosité. Je cherche Pierre des yeux. Le lâche a disparu. Un mouvement tournant l'a amené près du ruisseau qui traverse le bois, où il trouvera un curieux Sérapias, non identifiable, et deux Orchis : l'Orchis des marais et l'Orchis à fleurs lâches. Mais je ne le sais pas encore.
Je suis toujours au pied des pieds, sans oser remuer une oreille. Derrière moi un nouveau craquement, rassurant celui-là. Jetant un coup d'œil par-dessus l'épaule, j'aperçois Geo qui s'avance, tout sourire, un petit bouquet de grands Limodores violets à la main. Encore un craquement (ça craque de partout dans ce bois), cette fois-ci devant moi. Les pieds pourtant n'ont pas bougé. En voici d'autres, très semblables, vingt mètres plus loin. Et puis

d'autres, à vingt mètres de la seconde paire. De vingt mètres en vingt mètres, il y a des pieds, qui s'avancent, lentement mais régulièrement, avec l'irrésistible mouvement de la marée.
Que faire ? Se lever, saluer avec aménité, le temps de trouver le mensonge le plus provençal possible, c'est-à-dire le plus approprié à la situation. Mais Geo ne ment jamais.
– Nous cherchons, dit-elle avec suavité, l'Orchis à trois dents. L'avez-vous vu ?
À l'unisson, les pieds répondent d'un haussement d'épaules. Ils appartiennent aux membres éminents de la Société linnéenne de Lyon, qui ratisse le bois du Rouquan, professeur en tête. À midi pile, ils sortiront de la musette un saucisson, un canif, un croûton de pain, une bouteille de Beaujolais. À midi dix, ils auront déjà coupé huit rondelles, achevé le pain, attristé de moitié la bouteille avant de remballer, treize heures sonnant, et de remonter dans le car, les débutants pourpre clair, les disciples pourpre sombre, le professeur pourpre-noir, en route vers d'autres randonnées.
L'humour lyonnais ? Glorieux. Ainsi (me raconte Pierre) quand à la fin d'un plantureux repas arrive un gargantuesque plateau de fromages, à la servante qui lui demande ce qu'il désire, le mycologue lyonnais André Bidaud répond invariablement : « De tout. Et deux fois. »
Nous aussi, nous reprenons de tout deux fois. Au bord d'une clairière bordée de chênes-lièges aux troncs circoncis. Dans les friches, aux alentours, ondule un panache bleu (*Lavandula stoechas*). Cette lavande aux grandes bractées violacées a quelque chose d'agressif, l'air de dire « ralliez-vous à… », alors que l'autre, celle que l'on cultive, est d'un gris-bleu éteint, comme une ombre tremblant sur la terre. Je l'ai vue, il y a des années, en fleur sur le plateau de Valensole, parfumant le crépuscule de milliers de petites flammes grises, immobiles, à transparences bleues.
Nous reprenons de tout deux fois, sauf deux choses : le fromage et l'aïoli. Le fromage fait une concurrence déloyale aux effluves du coin, mais Pierre refuse absolument de s'en séparer. Pour se racheter, il nous propose l'aïoli, acquis le matin même dans un demi-sommeil. Nous poussons les hauts cris. Pierre s'en délecte, je me demande comment il va réussir à dessiner cet après-midi.
Geo grignote une tomate en silence, puis, d'un seul coup, explose.
– Jamais ! Vous m'entendez, jamais !
On dirait « le cours tartaréen du Phlégéthon qui va roulant de sonnantes pierres ».
– Vous avez vu, Patrick, ils étaient charmants, ces gens.
– Lesquels ?
– Les Lyonnais. Et mon mari, où était-il ? Vous l'avez vu, hein ?
– Non.
Un petit vent se lève. Non, c'est un ouragan. Les chênes-lièges se redressent, deviennent colonnes de diamants. Dans les airs apparaît une tour de fer. On entend des gémissements. Les damnés ? Non, la fin de l'aïoli.
– C'est toujours comme ça, fulmine Geo. Jamais, jamais, jamais le moindre effort de sociabilité.
S'ouvre la porte de la tour de fer. Foulant les lavandes, effrayant les cistes qui se froissent et se fripent au moindre attouchement (ils font mon désespoir, impossible de les envoyer poser devant l'œil électronique de Poirier, qui ne marche, ni ne s'assoit, mais dort à petits pas) s'approche la Punisseuse :

… munie de fouets
Tisiphone s'acharne, insultante,
et de la main gauche appliquant

ses reptiles torves, ameute la troupe sévissante de ses sœurs.

Le puni n'a pas l'air affligé par l'exposé des fautes auxquelles il semble s'adonner avec une innocente obstination. Il me dit cependant, d'un air désespéré qui me paraît d'un comique irrésistible : « Il faut que je vous explique quelque chose : ma femme est très sociable et… »
En tout cas, elle est passionnée. Sur les talus et au bord des friches, dans les endroits clairs poussent des colonies de petits Orchis au labelle pointillé de rouge (*Anacamptis morio subsp. picta*). Beaucoup plus rarement et en de plus maigres touffes, avec une hampe aux fleurs moins nombreuses, plus grandes et à labelle blanc de lait, nous trouvons aussi l'Orchis de Champagneux. Le problème est qu'il y a aussi de nombreuses colonies de plantes, indéterminables à première vue, intermédiaires entre les deux.
– Est-ce que vous connaissez… ?
Dans la voiture, je pose à Pierre une question sur les Lyonnais. Funeste. Geo se remet à tempêter, le spectacle de la beauté l'arrête net. Sur le talus, et plus loin au bord d'une prairie, et plus loin encore à la lisière des bois, volettent des papillons. De beaux papillons rouges qui ont l'air d'ouvrir et de fermer les ailes, de danser légèrement ou de se balancer sur les fleurs. Mais il n'y a pas de papillons. C'est la fleur qui se balance et papillonne ainsi, éclaboussant l'ombre de son grand labelle à stries sanglantes, et à la regarder nous avons le cœur dans la gorge, et la gorge nouée, et les poings serrés.
Cette Orchidée (*Anacamptis papilionacea*), rare en France (on n'en connaît guère que deux ou trois stations dans le Var), est prospère dans les endroits où elle croît, nous en voyons plus de deux cents pieds. La découpe aérienne de la fleur lui donne un air de ressemblance avec un papillon, mais l'étonnant pour moi n'est pas là. L'étonnant est que c'est une fleur rouge qui ne procure pas la sensation habituelle du rouge. On connaît le rouge corrida, épais et sombre comme le sang du taureau, dont la masse se fige à l'instant où l'épée lui traverse la nuque. Voilà le rouge de l'Andalousie, noir comme le pubis des Andalouses. Le rouge indien, qui s'effrite, devient ocre rouge, peinture de guerre, poterie, terre poreuse aux rayons. Le rouge bouchère, celui de la viande veinulée ouverte au fil du couteau par le rêve de la bouchère qui découperait bien le boucher. Le rouge coquelicot, papier mâché des blés ; le rouge pivoine qui appelle au meurtre ; le rouge de la faucille, assommé par le marteau.
Tous ces rouges crient, agressent, écument, absorbent ou bavent ou boivent. Ils mettent en sueur comme le sang. Le rouge de l'Orchis papillon est une eau fraîche. Dans la pleine chaleur de la mi-journée, où les mouches irritantes viennent pomper la sueur, il rafraîchit, dit qu'il y a encore de la rosée. Qu'aux premiers jours du monde il n'y avait peut-être que de la rosée. Que le monde n'était peut-être qu'un champ de rosée, tissée par les araignées en myriades de fils et de gouttelettes de sang frais.
Dès que nous quittons la source des yeux, le soleil nous fait cuire. Le terrain est riche. Le long de la route, les Ophrys bourdonnent en silence. Nous voyons l'Ophrys bécasse (*O. scolopax*) en pleine floraison. Au loin se profile le Croc de Mouton. Au pied du croc, à la racine calcaire de la dent, de grandes hampes défleuries signalent la présence de l'Orchis à longue bractée (*Himantoglossum robertianum*) et, çà et là, à la manière des fourmis rouges qui vous blanchissent un corps en moins que rien, l'Orchis pyramidal commence à nettoyer le terrain.

Une rareté, pour nous montagnards et apatrides (l'apatride, c'est moi), l'Ophrys que l'on appelle *splendida*. Je n'en parlerai pas, il a l'air d'un lieu commun kantien, cet Ophrys – le beau est la splendeur du vrai – mais de ce que je découvre dans les endroits où l'Orchis pyramidal ne s'est pas encore aventuré : l'Aristolochiacée (*Aristolochia pistolochia*) aux fleurs tourmentées d'un brun sombre et à curieuse odeur brune, un peu musquée, avec une composante de miel, mais d'un miel qui n'existe pas.

Cette Aristoloche est un merveilleux remède contre l'insomnie. Sa vertu ne réside ni dans ses fleurs, ni dans ses racines, ni dans ses graines, mais dans son nom. Répétez-vous, le soir, l'Aristolochiacée Aristolochia pistolochia, vous vous laisserez peu à peu glisser non dans le sommeil qui ronfle, mais dans celui qui rêve, en éprouvant cette sensation « un peu cabalistique » dont parle Mallarmé dans une lettre à Cazalis, en lui conseillant de se murmurer le Sonnet des rimes en YX, « eau-forte pleine de vide et de rêve », qui devient, pour les botanistes, le sonnet des rimes en OCHE (ou sonnet moche).

Sur l'ongle de la nuit, le Phénix bamboche
L'angoisse, ce cobra enroulé dans la jarre
Darde sous le lampion brun d'une aristoloche
Une langue aussi longue que le cou d'un jars.[3]

– Et si on visitait Notre-Dame des Maures ? demande Geo.

– Non ! Pitié ! Pas le temps !

Nous passons sans encombre cet endroit périlleux. Françoise et Geo discutent des retables qu'elles ont vus, de ceux qu'elles n'ont pas vus, de ceux qu'elles auraient pu voir. Sur le côté droit de la route, les Sérapias font la queue, comme à l'entrée d'un cinéma, les samedis de fête. Parmi eux, quelques pieds de celui que j'ai nommé *joaninae*.

À l'arrêt, nous nous dispersons. Geo revient en brandissant quelque chose. Une vipère, un fouet ? Tisiphone, les cheveux sifflants, sortie du Tartare pour punir le coupable et venger l'honneur lyonnais ? Ce n'est pas un fouet, pas une vipère non plus. C'est une marotte, *Briza maxima*, cette graminée que l'on appelle langue de femme, ce qui donne un sens littéral à l'expression « tenir sa langue ».

Ainsi Geo revient, tenant sa langue dans sa main, tandis que je me promène dans les champs d'asphodèles, cherchant parmi les ombres celle de ma mère, mais je ne la vois pas. Je vois des mains qui se tendent, des joues avivées d'une coupe de sang, mais pas les siennes. Pas ses mains qui parlaient toutes seules, pas ses joues si creuses à la fin. Je trouve cette chose dérisoire : la Potentille hérissée. J'ai écrit, il y a des années, à propos d'une Potentille rare, celle de Pennsylvanie que l'on ne trouve qu'en Chartreuse dans les prairies de l'Oisans, une fiction mortifère que j'ai l'impression de revivre. Pour m'en laver l'esprit, je me baigne. Peine perdue, je remeurs. On croit qu'il y a, au fond de la mer, des algues. Ce sont des asphodèles. À perte de vue s'étendent les champs d'asphodèles. Plus je m'éloigne du rivage, plus s'attroupent les ombres, plus elles me frôlent, aussi diaphanes que les cloches des méduses.

Dans la chambre, Pierre dessine. S'abreuve la main au tendre rouge de l'Orchis papillon. Françoise rêve et moi, dans l'eau salée, je pense à ma mère morte, qui ne m'a pas fait signe

3. Des lecteurs me l'ayant souvent demandé, on trouvera le sonnet moche en son entier ci-contre.

car les morts se taisent et que babillent sur la plage les seins superbes d'une fille qui se lève, pubis tourné vers l'horizon. Ce soir éclatera l'orage de lait.

SONNET MOCHE

Sur l'ongle de la nuit, le Phénix bamboche,
L'angoisse, ce cobra enroulé dans la jarre,
Darde sous le lampion brun d'une aristoloche
Une langue aussi longue que le cou d'un jars.

Le salon noir se grise de lueurs, il est tard
Une corolle où bruit le vide qui embroche
Tout à coup se referme sur l'ombre du nectar
Et l'heure de ses anneaux étouffe les reproches.

Paraît à la croisée ouverte au vent, bazar
D'étoiles nues plus froides que les roues d'un char
Cette langue bifide où peluche une croche.

L'ophidien silencieux quitte le lupanar
Où Messaline aux fanfreluches s'effiloche
En décrochant la lune qui se mire dans la mare.

Le soleil rouge se couchait sur le torrent

Élevés au linnéen biberon de la dichotomie, les Naturalistes, qu'ils étudient les plantes, les insectes ou les oiseaux, se présentent comme des gens distingués qui font des distinctions. Fondé sur l'alternative *ou bien/ou bien* (fleurs en corymbe *ou* en ombelle, corolle en casque *ou* à deux lèvres, etc.), leur logos a quelque chose de socratique.

La détermination d'une plante est une maïeutique où, à mesure que les contractions s'accélèrent, c'est-à-dire que l'on progresse dans les clés qui constituent les entrailles de la flore, on finit par trouver la clé ombilicale : il ne reste plus alors qu'à couper le cordon pour que la plante accouche de son nom.

C'est bien là une démarche socratique, à qui cependant il manque l'essentiel : l'humour, qui suggère que tout ce que l'on vient de dire est faux, qu'il faut être bien naïf pour être tombé dans le panneau et que les choses, en réalité, sont tout autres. Que l'Orchis déterminé tout à l'heure *Dactylorhiza traunsteineri* n'est pas *Dactylorhiza traunsteineri*, que la superbe mouche à merde bleue, à l'évidence *Calliphora vomitoria*, qui agonise dans le bocal de cyanure, va se métamorphoser, sous la loupe binoculaire, en *Calliphora erythrocephala*, de la même façon que les atomes chatoyants de la gorge du pigeon deviennent autant de chatoyantes opinions et que l'eau froide paraît tiède à une main d'abord plongée dans l'eau chaude, ainsi que l'a remarqué l'évêque Berkeley, Ponce Pilate de l'idéalisme, qui devait passer son temps à se les laver.

Rien de tout cela n'affecte l'imperturbable sérieux des botanistes dont la science est sournoisement enracinée dans l'Éthique, la mode écologiste en étant une superbe caricature. Des moralistes, ils ont souvent l'austère allure (autrefois la longue barbe) et sur le tard une petite bedaine, l'endroit où le savoir glougloute, mais surtout le langage, mélange de jargon juridique et d'interdits sociaux, tel qu'on peut en trouver chez Durkheim ou chez les romanciers américains de la Nouvelle-Angleterre (Hawthorne, par exemple).

Ainsi, de même qu'il y a de bonnes conduites (avec certificat à la clé) ou de « bonnes actions », conformes aux règles de la morale en cours, il y a de « bonnes espèces », qui sont le contraire de ces espèces fantômes publiées par des individus douteux qui ne respectent pas ou même,

comble de l'horreur, ignorent les règles du Code de Nomenclature Botanique.
Ce Code, intéressant à étudier d'un œil critique, fait toucher du doigt le côté outrancièrement normatif de la Botanique. Composé d'articles, comme le Code pénal, il est pétri de bonnes intentions, on le dirait rédigé de la main droite par Saint-Just, de la gauche par Robespierre. Il vise à débarrasser la Botanique de ses impuretés nomenclaturales et use de l'instrument qui apparaît infailliblement dès que la pureté pointe le bout du nez : la guillotine.
Malheur aux auteurs qui se mettent « en marge de la communauté scientifique internationale », c'est-à-dire qui transgressent les règles de la conscience collective. Comme un couperet tombe la sanction : leurs espèces ne sont pas valides, on les ignore, elles ne figurent jamais dans les flores.
L'esprit de sanction est à ce point inscrit dans le Code que l'on en trouve un exemple remarquable en Mycologie. On choisit le *Systema mycologicum*, ouvrage du jeune Fries, comme point de départ de la nomenclature et l'on cherche, parmi les espèces nommées par les auteurs qui l'ont précédé, quels sont les noms que Fries a repris dans cet ouvrage. On dit alors que ces noms d'espèces sont « sanctionnés ».
Le Code est ainsi légaliste. Il fonctionne sur le couple transgression/sanction, bien cimenté par un jargon de type juridico-moral, qui laisse évidemment place à l'ambiguïté, c'est-à-dire à la possibilité d'une *refonte* afin d'être encore plus pur, de mieux dépister les transgressions et de renforcer les sanctions.
Ce formalisme à tout crin a les conséquences divertissantes que l'on retrouve dans tous les crincrins formalistes, chaque fois qu'il s'agit de conformer à la règle la maxime de son action. Spécialiste de la question, le Dr Emmanuel Kant recommande de se conformer, en toutes circonstances, au devoir de vérité, y compris lorsque votre fille, poursuivie par un assassin, se réfugie sous une porte cochère. Vous avez l'impératif devoir d'indiquer à l'assassin qui vous le demande sous quelle porte elle s'est réfugiée. Vous êtes ainsi en paix, tant avec vous-même qu'avec le ciel étoilé.
De même, si vous vous apercevez que de nombreuses espèces, soit ont changé de genre au fil des progrès de la recherche, soit ont été publiées par un auteur négligent ayant oublié de désigner un type – la plante ou l'ensemble des plantes à partir desquelles a été élaborée la description princeps –, vous avez l'impératif devoir, ces espèces étant invalides, de les valider. Car une plante invalide n'a pas d'existence légale. Imaginez-vous sans papiers d'identité. Vous êtes là, mais vous n'êtes rien. Vous êtes vivant, vous respirez, vous vous grattez, vous humez le délicat parfum du lilas dans le printemps noir, mais vous êtes légalement mort. Votre encéphalogramme trace des éclairs, mais votre administrogramme est plat.
Il y a ainsi des plantes nommées pour rien. Elles n'ont pas d'existence légale. Mais elles respirent. Et merveilleusement. La suavité de leur odeur vous titille les narines. Qu'allez-vous faire, vous qui êtes un homme de devoir, qui respectez les règles et admirez les juges de plomb qui les ont édictées ?
Vous allez créer une combinaison nouvelle, qui validera la plante, ce qui lui permettra d'exister. C'est beau, n'est-ce pas ? C'est noble, comme le hareng dans l'assiette du chat Murr, qui ne le mange pas parce qu'il a faim, mais pour se fortifier le cerveau en vue de mieux philosopher. Qui ne le partage pas non plus, car le partage est source de discorde, les parts n'étant jamais perçues comme vraiment égales.

Ainsi, de même que le chat Murr d'Hoffmann devient peu à peu un chat philistin, vous allez peu à peu devenir ce que Correvon appelle un botaniste en chambre.
Plus besoin de courir les friches ou les bois. Il suffit de connaître le Code pour repérer dans la nomenclature les espèces qui sont invalides. Une simple combinaison nouvelle, édictée dans les règles, suffit pour accrocher votre nom *à une espèce que vous n'avez jamais vue*, que vous vous fichez de voir ou non et que vous ne serez pas capable de reconnaître si un jour vous tombez dessus.
Grâce au Code, le botaniste en chambre, qui a le Droit pour lui, peut se montrer tortueux. Il se renseigne discrètement auprès de ses collègues, membres des divers comités de lecture des revues scientifiques de pointe – dans le jargon du Code cela se nomme *Com. pers.* (communication personnelle) –, afin d'avoir une idée des synonymies à la mode et des combinaisons nouvelles qui vont être publiées par les autres sybarites.
Une fois en possession de ces renseignements, il agit. Peu importent les moyens, seul le résultat compte : il choisit la revue dont la date de publication est la plus proche afin de coiffer les autres sur le poteau.
Chaque fois qu'un univers est raidi dans le formalisme, il a tous les charmes d'un corset victorien. « Avez-vous remarqué, m'écrit Georges Becker, combien il y a de botanistes protestants par rapport à l'ensemble ? C'est tout à fait étonnant. C'est que pour nous la création est sacrée et nous sommes nourris des psaumes qui la chantent à merveille. »
Je n'ai pas calculé le pourcentage exact de botanistes protestants et je ne suis pas sûr que les psaumes chantent à merveille la création. Mais le puritanisme des botanistes est évident, ce qui leur permet de contempler d'un œil serein les incessantes fornications de la Nature. Cette sérénité de marbre, cependant, qui témoignerait soit d'une hypocrisie trop facilement repérable, soit d'un stoïcisme dont on a perdu jusqu'à la nostalgie, fond comme neige au soleil dès que les Naturalistes tirent de leurs vastes poches non plus leur loupe, mais leur lyre.
Ce n'est pas une lyre qui écume, comme les lèvres de la Sibylle, mais un doux instrument mélodieux, extensible à l'infini, comme le suc qui s'écoule des tendres caoutchoutiers, et qui exprime leur admiration envers les charmes de la Nature.
Le catalogue des charmes de cette Dame est facile à dresser. Elle est comparée soit à une innocente jeune fille, soit à une épouse aimée, soit à une ardente maîtresse. Dans tous les cas, que le fruit soit vert, mûr ou défendu, il s'agit de copulation lyrique. Les résultats sont inégaux. Cela va du gnangnan (*Pirola uniflora*) :

Dans le fond du bois protecteur
Vis en paix, Pirole uniflore,
Et que jamais nul ne déflore
Ton innocence et ta candeur

au vieux satyre (*Ophrys apifera*) :

Je ne suis pas venu renouer notre idylle.
J'en demande pardon. Tu sais, c'est difficile
De faire ce que l'on veut et je suis infidèle.

Ici, il faut parler de l'extravagant docteur Poucel, auteur d'un mémoire sur la *Sténose hypertrophique du Pylore chez le nourrisson* et de *Trois Études sur le Naturisme*, qui prit (à regret) sa retraite à quatre-vingt-deux ans pour se consacrer à la Botanique et peindre plus de deux mille planches. Il poétisait en herborisant :

Fuyant vos factices minois,
Je vais trouver au fond des bois
L'humble fleurette à l'humble voix
Votre cousine,
Oui, celle qui, par sa douceur,
Par son maintien fait de pudeur
Timide, a captivé mon cœur
Mon Églantine.

Avouez qu'on dirait du Francis Jammes. Il faudrait creuser le rapport de ces dingues avec les femmes, ce n'est pas facile. Les uns restent vieux garçons, les autres convolent et l'épouse est alors « une compagne admirable, douce et calme » avec laquelle « ils réalisent l'union parfaite ». Le fait remarquable est qu'elle meurt. Elle ne dépasse jamais soixante ans alors que le vieux fou est d'une longévité exceptionnelle. Certains deviennent centenaires, comme Velenovsky, qui avait la chaire de Botanique de l'Université de Prague. Quasi aveugle à la fin de sa vie, il allait s'asseoir au milieu des marécages ou des ronces pour chercher (et trouver) des plantes infimes qu'il voyait avec les yeux de l'esprit.
Parmi les botanistes, ce sont les mycologues qui parlent le plus volontiers des femmes. À divers niveaux, ils tressent des guirlandes poétiques qui illustrent sans faillir la thèse freudienne du mot d'esprit et de ses rapports avec l'inconscient. Les jeux de mots pètent comme des ressorts à la fin des banquets :

Je ne t'ai pas trahie, je te le jure, Anna
(sur Inocybe jurana)

Les contrepèteries empêchent de dormir :

Les grincheuses pinaillent sur la tire de Marcel Bon
(nouvelle pour la Science)

Les cœurs s'épanchent :

Mon amour est monté sur patins à roulettes
Et gaze à fond de train vers ton cœur inconstant
Le charme de tes yeux et ton doux nom Yvette
Ont déjà pris mon cœur et l'ont pris pour longtemps.

Les plus grands noms entrent dans la danse. Romagnesi, l'homme qui a trouvé une issue dans le labyrinthe des Russules :

Je reviens du cimetière
Pepita
Je reviens du cimetière,
Et j'ai vu que sous la pierre,
Pepita,
Dormait plus d'un qui sur terre
Pepita,
Vous aima.

Et le docteur Henry, qui a créé des centaines d'espèces de Cortinaires, et en a des centaines en réserve dans ses tiroirs :

Puisque nous a grisés l'amène Terpsichore
D'un tango langoureux que je fredonne encore…

– Et toi, tu n'as pas envie de…
– Si.
– Alors, je t'écoute.

Le professeur Kühner, une Alpe de savoir…

– C'est tout ?
– Oui.
– C'est un peu court, tu ne trouves pas ? Par rapport aux autres, ça fait moche. On va dire que tu ne t'es pas fatigué.
– Les esprits ignorants. Ceux qui n'auront pas perçu l'originalité absolue de ce sonnet.

– Un sonnet, ça ?
– D'un genre nouveau ; le sonnet univers. Je ferai une communication à Lou Li Po (l'Association des amis de Lou Salomé et de Li Po) pour expliquer le secret de fabrication. Une sorte de big-bang poétique : comment il est à la fois nécessaire et suffisant que l'Univers – mallarméen ou non – tienne en un seul vers. Ce qui a des conséquences phénoménales.
– Lesquelles ?
– Celle-ci par exemple : tout ce qui a plus d'un vers ne peut pas être appelé Poésie.
– C'est très restrictif.
– Pas du tout. N'oublie pas qu'a déjà été inventé l'alexandrin de longueur variable.
– Mais alors, tous ces naturalistes à la lyre prolixe…
– Ne sont pas des poètes. Qu'est-ce que tu dirais si je litotifiais mon chapitre sur les Orchidées de Savoie par : Le soleil rouge se couchait sur le torrent ?
– Je dirais que tu n'as jamais mis les pieds ici.
J'y suis, pourtant. Le sol, œil rouge sec ou chais, hurle Thor en tirant des volutes d'une gigantesque pipe qui enfume le flanc de montagne. Mon interlocuteur est Jean-Louis Cheype, un météore dans le paysage savoyard. Il porta la barbe, l'épila, ne porte plus que gentillesse sur un visage que l'on voit rond.
L'embêtant avec Cheype, c'est qu'il est exubérant. Sur les routes de montagne (aux lacets mortels) il ne faut surtout pas lui parler de ce qui le passionne. Il lâche le volant et se tourne résolument vers vous pour expliquer, du visage et des mains, que X a tort de synonymiser tel Cortinaire, ou qu'il vient de découvrir une nouvelle station extraordinairement fournie en… Si vous avez le teint pâle, vous devenez aspirine, si vous ne l'avez pas, vous noircissez par endroits, car la peur n'est pas bleue, en réalité, mais noire.
La journée a mal commencé, non parce qu'il pleut – c'est plutôt rassurant, il y a trois mois que tout est sec – mais parce que Pierre s'est mis dans la tête de battre Cheype sur son propre terrain : l'exactitude. Rendez-vous est pris sur la place de Sallanches. Jean-Louis voulait sept heures, en écoutant Pierre on s'y serait enracinés, comme des Androsaces, dès cinq heures du matin. La troupe (Geo, Françoise et moi) se mutine. Neuf heures ou rien.
Mais Pierre est un inquiet. Il débarque à notre hôtel aux aurores, conduit comme un Savoyard, unique propriétaire de la route où des paquets de pluie giflent les saules dans les glariers du Bon Nant, avec une seule idée en tête, arriver avant neuf heures pour pouvoir dire à son compère : « Tiens, te voilà, il est neuf heures deux, nous allions partir. »
La vallée est encaissée. Ce qui s'engouffre de ciel dans l'entonnoir s'en va en morceaux. Les nuages, en haut, roulent, comme roule le Bon Nant, avec une sorte de fureur, sur une double piste de bowling où Rip Van Winkle, le Hollandais qui s'en alla un jour dans la montagne et s'endormit cent ans, dans la partie qu'il joue avec les nains arme son bras pour lancer sur le pavé du haut une boule de bois qui fera exploser les quilles et crever l'orage.
J'aperçois un panneau indiquant la route de Megève. Ma mère. Je me demande ce qui a pu lui faire signe dans ce pays, si loin de tout ce qu'elle a aimé. Peut-être des bleus, des ocres, rappel des vagues, du sable. Ou alors, quand on meurt, peut-être se met-on à aimer les choses que l'on n'a pas aimées. Sur le talus bordant la route des milliards de solidages, tournant tous la tête du même côté, verges d'or qui, sous la lumière rasante que l'on perçoit dès que miroitent les feuilles des saules, sont tellement jaunes qu'elles paraissent produire des étincelles de pigment vert.

Et maintenant, nous grimpons. Je me suis mis en tête de voir la Néottie en cœur (*Neottia cordata*). Les feuilles le sont. La fleur, ovaire et pédoncule compris, ne dépasse pas cinq millimètres. À maturité, l'ovaire se gonfle indécemment. Le labelle est parfois, sur les bords, d'un brun sanglant.
Idée funeste, car on peut être sûr que la station que connaît Jean-Louis est la plus élevée et la plus difficile d'accès. Pierre, qui le sait, en bas de la route romaine qui vient du col du Petit-Saint-Bernard, nous fait le coup de l'extrasystole. Il se tâte le pouls, annonce d'un air catastrophé qu'il y a un raté dans la machine : un battement de cœur de trop (ou de moins). Pas question de grimper. Il se contentera de fumer, c'est moins dangereux.
Nous grimpons donc. Avec Cheype, c'est instructif. Il nomme tout ce qu'il rencontre, mousses, fougères, plantes à fleurs. D'un air négligent désigne du doigt une liliacée rare, le laurier alexandrin (*Streptopus amplexifolius*). Geo et Françoise sont émerveillées. Il n'y a plus d'orage, mais du non-dit dans l'air. « Pourquoi ne m'expliques-tu jamais rien, toi ? », pense Françoise. Je prends l'air bête de l'élève Toerless.
Sur la droite, le foutu torrent fume. Les Épilobes : des vieillards blancs. Dans les escarpements, les conifères ont l'air tors. Partout monte une sale petite brume qui fait jouir. Par îlots, dans les lacets, apparaissent de hâves athlètes en short portant des sacs au dos et une batterie d'instruments bizarres, de la casserole au piolet. Ils me disent, la mine réjouie par le grand air, bonjour quand ils me dépassent.
– Des Hollandais, sans aucun doute.
– Pourquoi ? demande Jean-Louis.
– Je ne vois guère que des Hollandais, grisés par le vertige des cimes, pour dire bonjour en short à quelqu'un qui ne l'est pas.
– Nous ne sommes pas encore très haut.
– Oui, mais par rapport au plat pays, on commence à avoir le tournis. Heureusement que Pierre est resté en bas. Le spectacle de ces Hollandais enivrés par l'altitude lui aurait un coup. Tu as lu la thèse de Machin sur les Inocybes ? Un monument de platitudes. S'ils se mettent à grimper, ils vont synonymiser la montagne.
Instructif d'herboriser avec Jean-Louis. Mais fatigant. Il a un pied de chèvre, zigzague dans les éboulis. Un peu en arrière, Françoise et Geo parlent avec animation. De quoi ? Personne ne le saura jamais. Cheype veut m'entraîner dans son sillage pour me montrer l'Hygrophore de Karsten, une peu commune bricole à lames orangées. Mais d'une part je me fiche des Hygrophores – de celui de Karsten en particulier –, de l'autre survient un événement inattendu.
Je suis de nouveau dépassé, cette fois-ci par une créature qui me donne à voir, au-dessous du dos tendu par l'effort, à la limite inférieure du short coquinement échancré, deux fesses admirables mi-saillantes sous l'élastique d'une petite culotte dentellifère. À première vue, la fesse gauche est synonyme de la fesse droite. L'est-elle absolument ? Doit-on se contenter d'une vision rapide ou pousser l'étude jusqu'à la certitude apodictique ? Tel est l'affolant problème auquel je me trouve confronté.
J'entends vaguement Cheype hurler qu'il vient de trouver l'Hygrophore de Karsten, mais j'ai l'esprit préoccupé. Optant pour la certitude, je règle mon pas sur celui de la nymphe, à distance réglementaire, oculaire à sec, grossissement vingt fois.
Plus nous montons, plus j'ai des doutes. Je finis par découvrir pourquoi. Le sac au dos pèse plus sur la fesse droite que sur l'autre. La nymphe

est obligée de compenser. Elle tire plus fort sur les muscles de la gauche, ce qui fait remonter la culotte et découvre d'autant le globe. Le résultat est une certaine asymétrie qui entretient le doute. Pour avoir une certitude, il faudrait passer à l'immersion. Mais c'est difficile en montagne, il faut attendre le refuge.
Les autres sont maintenant loin derrière. Nous voguons, la nymphe et moi, vers les cimes. Cela fait un moment que je la déshabille, elle se retourne. Elle n'aurait pas dû. Elle a des fesses de reine, une tronche de grognard. Alors j'entends les Hollandais. De cent mètres en cent mètres, ils hurlent mon nom qui se répercute à tous les échos de la montagne. Alertés par Jean-Louis, qui croit que je me suis perdu, ils s'époumonent à me retrouver.
– Qu'est-ce que tu foutais ?
– De la synonymie. C'est où, la Néottie en cœur ?
– Plus haut.
C'est donc plus haut. Et plus haut, c'est encore plus haut. Avec détour dans une petite tourbière curieusement étriquée sur un à-plat. À l'horizon, un sentier presque à la verticale, étouffé par un ophidien, le brouillard. Mais c'est à droite. Contre la suintante paroi, des touffes de Campanules naines. Quelque chose d'étrange dans ces lieux froids. Je me demande quoi. Le torrent. Au lieu de dévaler, il remonte. L'eau, à gros bouillons, a l'œil fixe. Fait peur, n'a pas de paupières, ne semble faite que pour noyer, de même que certains êtres ne semblent faits que pour une seule chose : manger, ou baiser, ou ronger. Ainsi le Popeye de Faulkner et, dans les Ardennes, le Rat, mon voisin.
Avec Jean-Louis, il faut franchir le torrent. Peu profond à vrai dire. Mais c'est un leurre. Cent mètres plus bas, le gouffre. Tout le monde passe. De l'autre côté nous regarde la Mulgédie, la grande laitue des Alpes. Bleue, presque violette à force d'être bleue. Dans les hautes mousses des conifères, un peu plus loin, poussent les Néotties, miniatures à l'ovaire gonflé.
– Il n'y a jamais personne ici, clame Jean-Louis.
Faux. Le nez dans la mousse, deux Hollandais synonymistes, accompagnés d'un chien (également synonymiste) cherchent furieusement quelque chose d'encore plus minuscule que la Néottie.
– Ici, crie Cheype. Et là !
Les Hollandais – spectacle désolant – lèvent le nez au ras des mousses, nous regardent, se regardent, puis replongent.
En bas, Pierre se roule une cigarette. Il n'est pas seul, s'entretient avec une sorte de grand veau en survêtement.
– Hollandais ? dis-je.
– Non. Jurassien. Ce que vous avez dans la main, là, c'est interdit.
J'ai trois Épipactis, un brin de Mulgédie et quelques cadavres aux feuilles en cœur.
– Non point, dis-je, c'est ce que le bon docteur Poucel, célèbre pour ses amours ancillaires, appelait « les petites paysannes de nos bois ».
Il fronce les sourcils.
– Ancillaires ?
– Du latin, ancilla, la servante, fleur du tiers état.
Il grogne.
– C'est interdit de les cueillir.
– J'aurais du mal à cueillir une servante. Je n'aime ni l'odeur de foin ni l'odeur de frites.
– De toute façon, dit Cheype, j'ai un permis scientifique.
– Ce qui est interdit est interdit, marmonne le Jurassien.
Je n'ai rien contre le Jura, ni contre les Jurassiens, mais celui-là a l'air vraiment crétacé.
– Professeur de gymnastique, sans doute ?
– Et alors ?

Ça se gâte. Notre ami au front de veau rumine des pensées de plus en plus sombres. Pierre prend l'air innocent. Françoise et Geo lorgnent vers une chapelle où il y a peut-être un petit retable…
– Tivirons-nous, dit Cheype. Allonzonvons admivirer l'épivipipovogonvon.
– Ah oui, le gonpipi, donpar le gonpopié, dit Pierre. J'en ai vu coupbeau.
– La lastionesse dont tu as larpem louventcé sous les liceapes dans le lassifem des lontaminesques ?
Je n'ai pas lu les élucubrations du docteur Poucel sur le pylore du nourrisson, non plus que ses traités sur le naturisme. Et je le regrette. Mais c'est à lui que l'on doit le foin du diable fait autour de l'Épipogon, « le farfadet à éclipses », cette petite Orchidée sans feuilles qui fleurit ou ne fleurit pas dans les sous-bois de hêtres et de conifères. Lorsque les conditions sont défavorables, la plante disparaît, pendant des années parfois, du paysage et fleurit sous terre.
Les botanistes entrent en transe dès que l'on prononce le mot d'Épipogon. Ils cherchent avec fureur cette Orchidée fantôme et, quand ils la trouvent, délirent : « Telle une Madone polychrome, elle était là, "Reine de la Pinatelle", hiératique, diaphane… Elle posait en vedette sous son hénin, rose d'émotion à travers ses voiles, dressée comme une apparition dans le cœur de la forêt silencieuse. »
Délire isolé ? Non, collectif : « J'approche encore, mes jambes se mettent à trembler. Non, impossible ! Je me baisse… mais oui, c'est lui :
le Farfadet
l'Épipogon…
Je vais en tremblant d'une fleur à l'autre, à quatre pattes, à plat ventre, essayant d'intimiser au mieux notre rencontre… »

– Si on faisait un louquetbé ?
– T'es louf, dit Cheype. Si le lurassienge te lopche, je ne lonneraide pas lerche de ta leaupe. Et puis c'est une laretère, ce larfadèfe, la lerpe des lorduresbé de la lorèfe.
Je partage l'enthousiasme des botanistes pour l'Épipogon, pas leur lyrisme descriptif. Le farfadet mérite tout de même mieux que des trémolos de jambes ou une madonisation polychrome. C'est sa laideur, en réalité, qui est attirante. La fleur, inodore ou à légère odeur de banane, a le labelle tourné vers le haut, ce qui la fait ressembler à la barbe d'un bouc. Elle a quelque chose de ricanant, comme les chèvres. Et ce ricanement muet frappe, car dans les sous-bois d'épicéas règne un silence qui ne règne pas ailleurs.
Les pins sont musiciens, les feuillus bavards. Les épicéas étouffent les bruits. Les oiseaux y sont minuscules, invisibles. Leur chant, de la ouate. Même le vent n'a plus de voix, il faut une tempête pour que les branches respirent. Ce qui est à l'œuvre ici, ce sont les glandes du silence, qui éteignent les lumières, les bruits, les chants jusqu'à ce que l'espace devienne palpable. Pas de place pour Orphée, on ne peut pas *chanter* l'Épipogon, dans l'espace du silence quelque chose qui est encore une dissonance. La dernière avant que ne règnent plus, invraisemblablement, que d'invisibles palpes : la texture de la couleur des fleurs, qui au lieu de rayonner comme les autres couleurs, devient transparente, c'est-à-dire se nie, les teintes roses rayonnant encore, mais *à l'intérieur* de la tige, comme la flamme d'une bougie qui au lieu de brûler au bout de la mèche brûlerait au milieu de la hampe de cire.
Il y en a beaucoup, de ces barbes de chèvre qui nous narguent, dirait Audiberti, de leur fin visage d'enfer. Avec, en prime, une autre rareté,

la Racine de corail (*Corallorhiza trifida*) dont les fleurs sont passées, mais dont fulmine, sous les aiguilles, le rhizome marin et des Épipactis, atypiques comme d'habitude, mais qui sont certainement *leptochila*.
Cheype bondit d'une fleur à l'autre, je me dis que c'est lui, le farfadet. Un peu plus tard, on se retrouve autour d'une table.
– Dommage qu'il pleuve, me dit-il. Tu ne verras pas le Mont-Blanc.
– Tant mieux.
Je me rappelle, dans les Ardennes, la Roche à Roma, les Quatre Fils Aymon, les sempiternels cars de Belges, grimpant du même pas, avec le même appareil photo, les mêmes pieds plats, la même graisse un peu tremblotante répartie sur le corps aux mêmes endroits, en route vers ces « points de vue » où culmine, au bout du parcours fléché, le sentiment de la Nature.
Il pleut. Nous laisserons les bergères rhododendroniser sous les Pins Mugo, dans les prairies alpines vanillées par les Nigritelles. Coasser l'Orchis grenouille. L'Herminie se perdre dans la clandestinité.
Au café, Jean-Louis prend l'air chinois.
– Sais-tu qui étaient les précédents propriétaires de ce chalet ?
– Un moine zen en prières devant la tomme du pays ?
– Non.
– Des Parisiens victimes d'une infusion de vérâtre ?
– Non.
– Un vieux Savoyard au justaucorps de buffle ?
– Non. Une paire de Hollandais. Des ultras, pour tout te dire.
Les botanistes, qui ont l'âme naïve et le sens de la propriété, ont l'art de sécréter un lyrisme pur sucre qui me colle des insomnies.
Montagnards grisés par l'air des cimes, ils transforment les plantes en étoiles. L'Étoile des prés (*Astrantia major*), plus haut, l'Étoile d'argent – ou des glaciers – le touristique Edelweiss (*Leontopodium alpinum*). Astres pour rire. Dans le star-system botanique, l'étoile des étoiles, c'est la gentiane printanière, « véritable étoile de nos pâturages ».
– Passe, dis-je à Françoise qui me fait la lecture.
– « Les Dryades, nymphes des bois, sont oubliées depuis longtemps. Elles se sont réfugiées dans les montagnes et se sont transformées en tapis de fleurs gracieuses... »
– Non !
– « Les campanules sont les petites cloches qui sonnent le gai carillon des fées et des lutins sur les hauteurs sereines de nos montagnes... »
– Pitié !
– « Linné, quand il vit en Angleterre pour la première fois une pente d'ajoncs en fleur, se prosterna et remercia Dieu d'avoir créé l'*Ulex europaeus*... »
– Pas ça !
Geo nous a trouvé un hôtel près du lac. Ce soir, fête annécienne. Un orchestre accordéonise. Dans le ciel brillant d'astrances, la lune, léontopode des glaciers, luit sur l'Alpe du décor. On entend les sourds hurler comme des campanules. Les nymphes, dans l'ombre, ouvrent des cuisses à huit pétales. Il est tard. La fête s'éternise.
– Je continue ? demande Françoise.
– Non. Fais-moi rire.
– Figurez-vous, dit Pierre, un jour, je ne sais pas ce qui m'a pris... un coup de folie... J'ai commencé mon cours en japonais. J'avais des petits rouquins cette année-là, je voyais les yeux leur tomber dans les mains. Au bout d'un moment je demande : Vous avez compris ? Oui, qu'ils disent, en chœur...
Nous sommes à Vieugy, Pierre et sa famille disent « au bout du monde », un lieu qui n'est qu'à eux : maison de bois, prés qui remontent.

Au bord, les jeunes buses crient. Devant, les vaches broutent en paix. Plus de taons. Mi-août, il est trop tard. L'année prochaine, nous nous mettrons en chasse dès juin. En mai, dans la moraine glaciaire qui grimpe vers les pentes, derrière la maison, Pierre a dessiné une série d'*Anacamptis morio*, la folle femelle, compagne du mâle fou (*Orchis mascula*), dans le Nord-Est l'une des premières Orchidées à fleurir dans les broussailles ou sur la terre noire des parcs à vaches, grande verge sanglante aux feuilles maculées, à odeur de pisse de chat.
En examinant la planche, je m'aperçois que la plante figurée à droite est (le moins que l'on puisse dire) atypique. Il me semble l'avoir vue quelque part. Où ? Je sais ce qui va se passer : ruée bibliographique. Huit jours de foutus (pour autre chose). Matin et soir : bibliothèque du Muséum. Où ? Où ? Où ?
Il n'y a pas que cet Orchis qui soit atypique. Ce Dactylorhiza, trouvé dans les environs de Gruffy, qui ressemble à *Dactylorhiza traunsteineri*, mais n'est pas le Dactylorhiza de Traunsteiner, qu'est-ce que c'est ? Et cette forme naine de *Dactylorhiza fuchsii*, trouvée au sommet du Semnoz, a-t-elle été nommée, ou non ?
Pour le bizarre *Anacamptis morio*, je trouve. C'est *Orchis syriaca*. Seulement, comme nous ne sommes pas en Syrie, mais au bout du monde, à Vieugy, frontière syrienne de la Haute-Savoie, en plein territoire Moënne-Loccoz (comme on dit en territoire sioux) c'est donc un sosie, une forme pseudosyriaca de l'ex Orchis morio. Je suis habitué, Pierre fait le coup une fois sur trois. Il ne trouve que des atypiques, des formes ahurissantes que l'on met des mois (je suis poli) à déterminer. Poirier, je ne le sais pas encore, nous mijote un coup fumant.
Accompagné de son âme damnée, Marie-Christine, lampe magique, il part en Chartreuse « pour retrouver les Inocybes de Kühner ». Le lecteur sait – ne sait pas – que les Inocybes sont de petits Agarics à chapeau souvent pointu, qui se ressemblent tous et dont l'étude est particulièrement difficile.
Il part donc, Dieu sait où, perdu le numéro de téléphone. Pierre aussi. Nous savons seulement que c'est dans un endroit « où il ne doit pas y avoir beaucoup de rues ». Là, il mitraille. Tous les chèvrefeuilles y passent : *alpigena, nigra, xylosteum*. Et les baies : du sorbier, du sureau, de la viorne. Et les raisins, celui d'ours et celui du pauvre : la myrtille. Et un Silène au cou enflé. Et cette pendeloque atroce, le fruit de la rose des Alpes, si peu convaincue d'être rose qu'elle oublie de se munir d'épines. Et ces vipères végétales, le Calament à grandes fleurs et la commune Épiaire des bois, barbouillées de pourpre, mâchoires distendues découvrant de longs crochets : les étamines.
Point d'orgue : une fleur, la Gentiane des champs (*Gentianella campestris*) que l'on trouve dans les hautes pierrailles, et une absence de fleur.
– Une absence de fleur ?
– Oui, rappelez-vous « l'absente de tous bouquets ». Poirier en a donné une version photographique avec le Lys Martagon.
– C'est-à-dire ?
– Il a photographié le Lys Martagon sans le Lys Martagon.
– Vous êtes sûr que vous n'avez pas bu ?
– Certain. On aperçoit sur la photo, à l'extrémité d'une tige déserte, quelque chose comme l'absence d'une fleur épanouie, ce qui, du temps de la floraison, *était* le Lys Martagon.
– C'est curieux, vous ne trouvez pas, cet amour des baies ? Car, si je ne m'abuse, sur les chèvrefeuilles on ne voit que les fruits, où sont les fleurs ?

– On ne peut tout avoir. Dans un seul livre, les fleurs et les fruits, c'est trop. Et puis, je soupçonne…
Je soupçonne Poirier d'être en période de manigances. Ça rime à quoi ce vénéneux marché de baies ? Manque la Belle Dame, qui transforme les prunelles en hiboux, mais il l'a sûrement cherchée. Pour le reste, ses gentils chèvrefeuilles suffisent à vous envoyer une brochette de collègues danser le tango dans les prés d'Asphodèles. Il a dû rallier la cause écologiste et déborder de zèle pour nettoyer les bois de toutes les baies toxiques, ou se mettre en cheville avec un empoisonneur vénitien.
Sur la terrasse, à Vieugy, au milieu des gentianes, la mort dans un verre : l'Aconit tue-loup (*Aconitum lycoctonum*) qui vient de Champ-Laitier, au-dessus des Glières. Pierre nous a emmenés sur ce plateau, un de ses terrains de chasse favoris, à fond la caisse sur les routes de montagne.
Plein ciel sur le plateau avec, en haut de redoutables pentes, un autre ciel. La voiture cahote. Sur la droite, du fond de la déclivité, monte un soleil de plâtre.
– Qu'est-ce que c'est que cette horreur ?
– Le monument commémoratif de la bataille des Glières. Inauguré par Malraux. Je l'appelle le reblochon.
– Malraux ?
– Non, le monument. Dites-en du bien, les gens, ici, y tiennent comme à la prunelle de leurs yeux.
– À Malraux ?
– Non, au reblochon.
Nous nous arrêtons près du fromage.
– C'est là-haut, dit Pierre.
– Comment ça ? Là-haut, là-haut ?
– Oui.
– Vous venez ?
Pierre prend l'air souffreteux. Compris : extrasystole. Nous montons, Françoise et moi. Pas de nymphe pour accélérer l'allure. Quelques chèvres torves nous regardent. Vers le bas, la pente est semée de grandes gentianes jaunes sur le déclin, fleurs comme des touffes de poils à l'aisselle des tiges. Plus haut, des campanules. Un désert de campanules, j'ai horreur de leur bleu froid. La seule que je veux voir, celle à fleurs en thyrse, manque à l'appel. Françoise chante. Si elle continue, elle aura les poumons dans la main au sommet qu'annoncent les pins, plèvre du mont.
Champ-Laitier : un plateau sur un plateau. Les vaches en sont jalouses. Le ciel entier est à traire. Ombres et lumières en damier. Soleil paniculé au pied des pins. Françoise le prend, se roule dans l'herbe, innocente indécemment. Enfilant une sente, j'aperçois dans les mouchetures de l'ombre une haute grappe de fleurs jaune pâle. Les feuilles sont luisantes, avec de longs doigts en lanières. Les fleurs ont la matité de la mort fulgurante.
Elles peuvent être d'un jaune plus vif, plus brillantes ou d'un violet somptueux, qui étreint. Elles sont trois comme les Parques. Clotho, Lachésis, Atropos ici se nomment Lycoctone, Anthora, Napel. Sans défaut est la coiffe de désir qui tue ou se repaît du spectacle de sa propre mort.
– Vous plaisantez, il n'y a pas plus de coiffe sans défaut que de vertu imprenable. Vous connaissez le *Bombus mastrucatus* ?
– Un bourdon pervers ?
– Exact. Comme il est trop gros pour enfiler son corps jusqu'au fond de la fleur, il perce un trou en haut du casque et pille le miel en la laissant gémir.
Nous redescendons. Presque tous les casques de l'Aconit sont percés. J'ai vu, là-haut, dans

une amorce de tourbière, une étrange population de Dactylorhiza, à fleurs en épi serré, fortement bariolées, que je connais de vue par les flores. Encore une étrangère, une plante écossaise me semble-t-il, avarement boréale. Avec ce genre d'Orchidées, on serait tenté de s'intéresser à l'actualité sociale. Immigration massive. Et clandestine par tous les pores où le sol respire humide et où la lumière fait silence dans les mousses.
Aux Glières, Pierre nous mène dans le bois qu'il connaît par cœur. S'y déplace les yeux fermés. Nous ouvrons les nôtres. L'écorce des pins sylvestres est, là, plus rougeâtre qu'ailleurs. Aux claires-voies, dans les endroits où l'herbe prend le pas sur les mousses, pend l'Arnica, soleil pour rire. Dans les prairies quelque chose ondule, le plaisir. Veillent les grands vérâtres, attrape-mouches, sentinelles, tisanes pour touristes.
– Il n'y a que des Russules, dit Pierre. Pas de Cortinaires. Avec ce foutu temps sec...
Humides, les Gentianes. Et pourpres. Avec un ton grenat qui assombrit la teinte. Ou la rehausse. L'allume. Ou l'éteint. La tige est creuse ou le paraît. À l'air exsangue, saignée par un furet, la fleur. Elle s'ouvre à la lumière, se ferme à l'ombre. Françoise s'en émerveille. Pétale contre pétale. Sexe pour sexe, dent pour dent.
Pierre a disparu. Je suis la lisière. Entre deux eaux, deux mondes. Encore des Russules. Romagnesi, qui a sporulé avec elles pendant quarante ans, les délaisse. Infidèle. Les Orchidées apparaissent. Par petits groupes. Dactylorhiza pour vous coller la migraine, vous apprendre la modestie.
Je le connais, celui-là. Blanc avec du fard sur les bords du labelle. Il pousse aussi dans les Ardennes, sous les aulnes. Immigré, passé à l'Ouest, venant droit de Transylvanie. Et puis toujours ces énigmes, ni tout à fait telle espèce ni tout à fait telle autre. Je ne parle pas des hybrides, gens sans intérêt. Mais de plantes qui sont voisines et dont le voisinage est si curieux qu'elles ne sont plus au voisinage de rien. Comme si une trop grande proximité, au lieu de réunir, éloignait.
Pierre reparaît, furieux.
– Je viens de rater un papillon.
Françoise, maintenant, a disparu. Ni dans les bois ni dans les prés. Nulle part. On appelle. Pas de réponse. S'allongent des ombres d'ogre. En tête marche le géant Ferdinand Comtat qui, exhibé le jour dans une roulotte, ne se promène qu'au crépuscule. Il bâille, rugit de faim, d'un coup de galoche écrase un bosquet.
– Vous êtes sûr que c'est un bon géant ?
Allongeant son énorme pogne, il croque le reblochon qui dépare le paysage.
À Vieugy, j'arpente la terrasse de bois. Attrape des mouches, chope une guêpe au vol. Aïe. Pierre délaisse le Dactylorhiza exceptionnel de Champ-Laitier. Dessine un Cortinaire, le seul que nous ayons trouvé aux Contamines avec Cheype, une sorte de *traganus* à petites spores, non nommé.
– Ce Dactylorhiza...
Il fait oui-oui... tout à l'heure... Rien ne vient, la fleur va passer. Il s'en fout. Ne fait que ce qu'il veut. Je me souviens de l'une de ses aquarelles, un village des environs sous la neige, hallucinant de précision : impression de pouvoir compter les cristaux de neige, les ramilles noires de chaque branche.
– Songez que nous n'avons pas...
Il lève les yeux, les plisse.
– Vous devriez plutôt penser à ce que nous avons. À peu près toute la série des Sérapias. Et l'Orchis de Spitzell. Et l'Épipogon. Pour les Dactylorhiza nous avons tout de même les classiques.

En mai, il est allé glaner *incarnata* à Lescheraines, *majalis* à Avernioz. Pessières perdues dans les monts. Arith, au nom si sec que l'on entend craquer les brindilles. Sur le talus, au bord de la route : l'Ophrys frelon, l'Orchis militaire et sa caricature, l'Orchis singe. J'en connais un albinos, chimpanzé blanc – « Je pense à ces grands singes blancs, d'un raffinement éperdu, qui errent le long de ces ruisseaux d'eau chaude », écrit Cingria – dandy d'une petite population près de Maule ou de Beynes, dans l'Île-de-France, terrain de chasse d'un ami charmant, calcarophile.
– Qu'est-ce qu'on mange ce soir ? demande Pierre. Du calcaire ?
– Non, dit Geo, du gratin.
– C'est moi qui le fais, hurle Pierre.
Il a écrit sur un abat-jour : « Geo a toujours raison mais c'est moi qui commande. » Dans les pièces du haut de la maison d'Annecy dorment les papillons.
– J'avais une superbe collection d'Erebia, dit Pierre. J'ai presque tout vendu. Il ne me reste que quelques bricoles.
Il faut tout de même deux pièces pour contenir « les bricoles », celles qui sèchent sur les étaloirs et celles qui sont épinglées dans les boîtes. Deux mille ? Trois mille ? Plus ? Les grands Morpho, évidemment, chers à ce fou furieux, Eugène Le Moult, qui utilisait les forçats du bagne pour aller chasser les papillons dans la jungle guyanaise. Fut tenté par la blondeur d'une femme mariée « à la peau nacrée, aux fines attaches... Assis côte à côte nous feuilletions des albums... »
Nous redescendons, des papillons plein les yeux. Geo murmure : « Je crois qu'il a recommencé. »
– À quoi faire ?
– À chasser les papillons. Il s'est fabriqué un nouveau filet. Il part à Vieugy peindre des aquarelles et dès que j'ai le dos tourné...
– J'en ai trois, clame Pierre. Deux filets fauchoirs et celui-ci, à manche court. Foudroyant !
Les pentes du Revard sont couvertes de fleurs à gueule de perroquet, le Mélampyre des bois qui ressemble à une fleur de papier avec des violets et des jaunes dignes d'un barbouilleur. J'accommode : œil orchidée. Dans le viseur, la forme Épipactis. Mais rien. Çà et là, au hasard des talus, meugle une vache d'herbe au mufle jaunâtre, taché de brun, la Digitale à grandes fleurs. Chaque fois qu'un coléoptère se colle contre le pare-brise, Pierre s'arrête, sort un flacon à cyanure.
– Une rareté ?
– Mais non, une banalité.
À la région criarde des Mélampyres succède le silence de la tourbière de La Magne. Ce n'est pas celui des bois de conifères, il est ici tissé de bruissements. Chacun, inaudible. Mais il y en a tellement que la somme devient un bourdonnant essaim de silence. Imaginez le bruit que peut faire une mouche drosophile, pas plus grosse qu'une tête d'épingle. Ou celui du Droséra carnivore lorsque la rosette de feuilles se referme sur la mouche. Mais il y a des milliers de moucherons et des milliers de Droséras, qui attendent leur proie.
Dans une tourbière, on voit par l'oreille. Certains endroits sont plus bourdonnants, plus colorés de bruissements. Puis tout retombe. L'œil alors entend quelque chose. Un Drosera a pris une mouche. Le vent a fait bouger une rayure verte. Ce que l'oreille a vu, l'œil l'entend. Parnassies. Invisibles, bien sûr, audibles par moments. En voici une, une autre. Bientôt l'oreille distingue des lignes mélodiques. Des gris-violet qui s'entrecroisent, sur la hauteur dessinent des arabesques. Ou dansent. Puis s'arrêtent. Alors dansent les intervalles pour que l'œil perçoive la note colorée des *Swertia*, gentianes crucifiées.

Dans certaines tourbières, l'espace ne répond plus aux données habituelles des sens. Le temps non plus, qui prend l'aspect *sub specie æternitatis*. Je ne connais que quatre vers traduisant cette impression – qui s'impose comme une certitude – que le temps vient de cesser d'être le temps et que quelque chose a tourné la tête vers l'éternité.
Le Soleil se couchait – se couchait – toujours
Aucune Teinte d'Après-Midi –
Sur le Village que je voyais –
De Maison en Maison il était Midi –
La certitude qui s'impose est que ce que l'on appelle espace est du temps. Quelque chose que l'on ne ressent pas – qui n'a rien à voir avec une quelconque durée – mais que l'on voit, comme on voit le temps de l'horloge. Seulement, l'horloge est arrêtée. Quand paraît ce temps-là, il n'y a plus d'horloge. Que des Droséras, des moucherons, des Parnassies et les innombrables *minutes* des autres fleurs qui bourdonnent en silence.
Pierre s'avance, le filet bien en main. En suivant les arabesques des fleurs, nous passons dans l'autre monde. Voyons un poney disparaître, happé par la mouvance des plantes. Sur un chemin qui surgit, des pas précipités. Stappleton poursuit un coléoptère. En filigrane : un beau visage andalou. Les dents : éclatantes. La peau, un brugnon. Les yeux : le bleu-noir des myrtilles sur lesquelles les renards urinent.
– Où sommes-nous ?
– Dans le grand bourbier de Crimpen, dit Pierre. Il y a longtemps que j'ai envie d'y aller.
Alors paraissent les Angéliques. Dans la lumière rasante du temps qui n'existe plus, elles ont des reflets rose rougeâtre qui donnent l'impression qu'elles existent. Un air mousseux qui fait saliver comme si la langue seule pouvait connaître le goût de la Beauté. Au-dessus des fleurs, des couronnes de mouches.
Le filet est inutile, il faut attraper à mains nues. À mains faucheuses, je commence la moisson. Dans la droite, *Echinomya fera*. Dans la gauche, *Lucilia Caesar*. Dans la droite, *Pyrellia cadaverina*. Dans la gauche, *Cynomya mortuorum*. Dans la droite, *Polietes lardaria*. Dans la gauche, *Onesia sepulchralis*. Les corsets ont des reflets métalliques, vert ou bleu ou d'un somptueux violet. Qu'est-ce qui passe ? Pas les secondes, il n'y en a plus. Ni de minutes ni d'heures. J'ai les mains, le front en sueur. Sur une ombelle se pose un taon. Le haut des yeux, un vert émeraude, chaque facette voit un monde. Le bas, un orbe cuivreux, celui du soleil peut-être, qui se couche, qui se couche toujours…

Ashes to Ashes

Haïssables sont le Moi et ses jeux, le Moi-Je, le jeu d'émoi, qui fait du sujet un joueur, Cogito ludique, casino où tourne le rien-ne-va-plus de la conscience, pas question de ces jeux dans les Sciences, qui seront objectives : le Je devient donc Nous.
Admirable, le Nous du discours scientifique où « l'objectivité », qui fait office de paravent, a le charme discret de l'hypocrisie et permet de mordre venimeusement tous les endroits sensibles de l'épiderme de la bête immonde : Autrui.
Passe encore si Autrui se déclare d'accord avec la thèse que vous défendez, ce qui implique que vous en êtes l'instigateur et qu'il ne fait que vous suivre, encore qu'il soit désagréable d'avoir une cohorte d'épigones (dans la région lyonnaise : des gones) béats d'admiration, mais, dans les sciences naturelles, Autrui se refuse à être un épigone, a le même tempérament belliqueux que vous et s'ingénie à vous coller des crises d'urticaire en démontrant, preuves à l'appui, que tout ce que vous avez démontré est faux. Loin d'être fâcheux, cet état de choses aboutit à des situations comiques où, au nom de l'« Objectivité » ou de la « Raison », s'échangent des propos injurieux à côté desquels les batailles de rue ou les insultes de corps de garde ont l'air d'innocents enfantillages. Seulement, de même qu'il y a un Code de Nomenclature, il y a un Code des Injures Botaniques, dont voici quelques formules couramment employées dans la littérature :
Nous partageons pleinement l'opinion de notre collègue, le professeur X signifie le plus souvent que le professeur en question est une autorité mondialement reconnue et qu'ainsi, partager son opinion, c'est se hausser à son niveau, traiter d'égal à égal, avec les conséquences que cette égalité implique. Les plus maladroits ou les plus vaniteux s'arrangent pour évoquer une rencontre (par exemple, « lors d'une rencontre en Forêt Noire avec le professeur X, nous avons pu confronter nos points de vue… »), ce qui implique que le grand homme est en fait un ami et qu'entre grands hommes on se comprend puisqu'on partage le même avis. L'idylle ne dure généralement pas longtemps. Le temps que l'on s'assure de la naïveté de l'autre afin de mieux le démolir.
Récolte faite en compagnie de notre ami X ne signifie pas du tout que la personne en question soit un

ami. Au contraire : c'est souvent un ennemi, qui fait partie de l'école adverse et qui, étant avec vous au moment de la récolte, est en quelque sorte forcé de reconnaître le bien-fondé de vos options. Il peut aussi s'agir d'un personnage anodin, Tartemol ou Tartempion, que vous avez été pêcher au bistrot du coin et qui pourra, le cas échéant, servir d'alibi, c'est-à-dire témoigner que l'espèce n'est pas un fantôme, mais une espèce qui existe bel et bien : il l'a vue de ses propres yeux. Au moment de citer le témoin, on omettra de dire que ce n'est qu'un débutant que l'on a pris soin d'émécher en lui offrant deux ou trois tournées, ou même quelqu'un qui ignore absolument de quoi il est question.
Nous sommes heureux de dédier cette belle espèce, que nous croyons nouvelle, au dr X, qui a tant fait pour l'étude du Genre... Ici, plusieurs caves d'injures superposées. Tout d'abord le docteur dont il est question n'est pas docteur ès Sciences, mais un docteur à l'italienne (*dottore di legno*) qui a publié quelques articulets – parfois un livre – que vous trouvez détestable. Agaçant, ce dottore : il est pinailleur, monte en épingle des détails, a osé vous contredire sur des points délicats. Pour lui clouer le bec, vous lui dédiez une espèce, ce qui est une façon de l'enterrer. L'épitaphe « qui a tant fait pour le Genre » est ironique. Il n'a rien fait ou a tout embrouillé. Ceux qui le savent, le reste de la « communauté », se tiennent les côtes. Le choix de « l'espèce nouvelle » est un chef-d'œuvre de perfidie. Il faut parfois du temps pour trouver la plante ad hoc. Des individus chétifs, atypiques, anormaux, plus ou moins frais, voire sur le point de se décomposer – que vous réussirez néanmoins à faire sécher (c'est l'*holotype* et le type, nomenclaturalement, fait foi) – que vous décrirez tels que vous les voyez, en prenant soin de donner le maximum de précisions sur les détails morphologiques et/ou cytologiques que vous savez être absolument dépourvus de toute valeur et en indiquant des synonymies possibles avec d'autres plantes fantomatiques de manière à asseoir votre détermination et à suggérer que vous avez, par honnêteté, longtemps hésité avant de créer cette espèce, *entrevue* par le dottore, dont elle portera désormais le nom en hommage à la grande admiration que vous témoignez à son œuvre scientifique.
Le perspicace auteur suédois... Le lecteur à Q.I. moyen devrait trouver sans peine quel est le contraire de la perspicacité. Cela dit, quel est le comble de la perspicacité pour un Suédois ? Découvrir des espèces nouvelles dans les textes de Linné.
Nous ne doutons pas un instant des connaissances botaniques de notre collègue... Oh que si ! Quel est ce margoulin ignorant qui prétend avoir trouvé dans les Alpes-Maritimes une Orchidée : 1. Qui est officiellement éteinte en France. 2. Que personne (parmi les auteurs anciens) n'a jamais signalée dans les Alpes-Maritimes. 3. Que moi (nous), qui écume le terrain depuis vingt ans, je (nous) n'ai jamais trouvée ? Comment se fait-il que ce soit cet âne qui ait mis la main sur une telle rareté ? Il faut, quoi qu'il arrive, nier la découverte : 1. En mettant obliquement en cause les connaissances du découvreur. 2. En intensifiant les recherches sur le terrain afin de retrouver soi-même l'espèce éteinte et de s'approprier la découverte : 1. En confirmant l'erreur de X : il s'est trompé, sur la station qu'il indique ne poussent que des plantes voisines, mais bien connues (« Nous avons vérifié »). 2. En indiquant pour l'espèce que l'on dit éteinte, une station voisine (mais non contiguë), ce qui ne présente aucune difficulté, les stations où poussent les raretés n'étant jamais indiquées avec précision.

Nous ne partageons pas tout à fait l'opinion de notre savant collègue... Autrui, la bête à abattre, est, le lecteur l'a compris, un « collègue ». Les épithètes que l'on va accoler à ce terme seront d'autant plus louangeuses que l'on tiendra ledit collègue en piètre estime ou qu'il se fera le champion de vues jugées « inadmissibles ». On parlera donc de « notre estimé collègue », de « notre savant collègue » ou de « notre éminent collègue ». Ces trois adjectifs sont loin d'être synonymes.
Estimé collègue s'adresse en général à un quidam, plus ou moins inoffensif, pas très futé, qui a réussi à se faire connaître en se faufilant çà et là, *estimé* suffisant à faire comprendre que ses travaux sont ceux d'un individu borné dont la réputation est usurpée.
Savant collègue est d'une autre farine. Le terme est employé dès qu'est épinglée, dans une démonstration, un défaut d'érudition. Cela signifie : Comment X, qui prétend tout savoir, a-t-il de telles lacunes bibliographiques ? Plus subtilement, cela suggère que le X en question n'a pas de lacunes bibliographiques, mais qu'il n'utilise dans sa démonstration que les arguments qui apportent de l'eau à son moulin. Dans le premier cas de figure, cela veut dire que le savant est un ignorant, dans le second que c'est un menteur. « Savant collègue » est aussi (bien sûr) employé par dérision. Par exemple lorsqu'un auteur – ce qui est fréquent en Mycologie –, sans avoir vérifié les types, donne comme synonymes des espèces appartenant à des genres différents. Dans ce cas-là, cela veut dire : ce n'est pas triste !
Éminent collègue est en principe réservé aux chercheurs, aux professeurs d'Université, aux curateurs d'herbier, aux directeurs de laboratoire, bref aux membres qui occupent une place (éminente) dans l'Institution. Il faut savoir que l'épithète a *toujours* une connotation péjorative. Il est d'ailleurs, selon la noirceur de la bile, combiné aux autres épithètes. On dira « notre éminent et savant collègue » ou « notre très estimé et très éminent collègue ». Cela signifie : c'est à se demander comment dans ce laboratoire (ou cette Université) sont distribués les postes. Quelles magouilles ! Quelle bande de crabes, là-dedans ! Ces types sont complètement nuls [nuls voulant dire : pas de mon (notre) avis].
On peut, dans les combinaisons, encore faire mieux. « Très savant, très estimé et très éminent collègue » signifie : ce pauvre type ferait mieux de prendre sa retraite. Ou employer le superlatif : « Notre éminentissime collègue » ne veut pas dire autre chose que : « Pauvre mec, va ! » « Éminent et savantissime » = « Va te coucher, connard ! » « Éminentissime et savantissime » est tellement injurieux et tellement obscène qu'à ma (notre) connaissance la combinaison n'a jamais été employée.
Il pleut, nous sommes dans la Vallée des Cygnes. Le Nous ici n'est pas colléguophobe, il est deux, Sylvain et moi, un ami de mon fils qu'on appelle Pauvre Bill. En octobre, je l'aurai comme étudiant. Il pourra traîner sa flemme, pour l'instant il est en service commandé. Objectif : découvrir l'Herminium clandestin, une petite Orchidée à odeur de fourmi, difficile à trouver car elle se fond dans le décor. À défaut, la Gymnadénie très odorante (*Gymnadenia odoratissima*), rare aussi, moins que l'Herminium, mais que l'on ne rencontre que çà et là, pas suffisamment rare pour que les stations où elle pousse soient célèbres, mais suffisamment peu commune pour que l'on passe des années sans la voir. Par exemple, je sais qu'elle est signalée dans les Ardennes, mais ne l'y ai jamais rencontrée. Évidemment, je pourrais demander à un botaniste de m'en indiquer les stations. Pas de jeu. Plaisir détruit.

Mieux vaut la chercher, avec acharnement, ou tomber dessus par hasard.
Pauvre Bill conduit en me racontant les tortures subies pendant sa préparation militaire. Effarante, l'intelligence galonnée. Jarry réussit à lui faire échec. À l'adjudant qui lui ordonnait de balayer la cour de la caserne, il demanda dans quel sens, fut réformé comme débile mental. Encore un Code, ici celui de la hiérarchie. Le lieutenant-colonel ?
– Cinq galons d'or, dont deux d'argent.
– Tu n'as pas éclaté de rire ?
– Vous rêvez, dit Pauvre Bill. Le rire est inconnu dans les rangs.
À l'enfance, il s'échappa de son berceau. Frayeur des parents devant les petits draps sanguinolents. Fut retrouvé sous la table de la salle à manger, un pot de confiture dans les menottes. Plus tard, nous accompagna dans diverses îles. Chassa les taons sur une plage bretonne, les libellules à l'Île-d'Yeu. Rata, pour cause de chasse, nombre de rendez-vous galants.
Je demande :
– P.S.G.-Toulouse, 1983. Match retour ?
– Nul : 0-0.
– Saint-Étienne-P.S.G., 1985. Match aller ?
– 0-2. But de Susic (47e) et de Rocheteau (82e).
– Très bien. Dégourdis-toi l'esprit pendant cinq minutes en te rabâchant tes tables, ensuite je t'expliquerai ce que nous cherchons.
Il comprend tout de suite, se jure de trouver l'Orchis odorant, à petit éperon, de passer sans un regard devant l'autre, dont l'éperon est si long qu'on dirait une courbe seringue. Nous cherchons, sur la carte de l'Aisne, le village dont le nom s'est échappé des lèvres scellées d'un amateur d'Orchidées.
La carrière apparaît brusquement, sur les hauteurs du coteau, le village est en contrebas. Sur les talus, le long de la route, se dressent déjà les hampes des Orchis moucherons, quelques Épipactis, d'innombrables Dactylorhiza. Nous sommes en juin, mois où les bulbes ont des doigts, où les labelles sont trilobés, où l'espoir fume sous la pluie avant les foins.
J'explique à Sylvain ce qu'est un site calcaire. Pas besoin de connaître les plantes pour le repérer. Avec un brin d'habitude, on le repère à la lumière, dont le grain est différent, et à une certaine configuration du paysage, qui frappe l'œil. Quelle structure ? Ne comptez pas sur moi pour vous le dire, découvrez vous-même le secret. Il est à fleur de terre, comme tous les secrets indéchiffrables, les plantes rares poussant à la lisière du monde, c'est-à-dire sous vos yeux, vous ne les voyez pas parce que vous les cherchez ailleurs.
Nous partons en chasse, à mi-lisière, chacun suivant une veine le long du poignet jusqu'à la paume de la carrière. Il bruine. L'herbe est lourde, il a plu toute la nuit. Les corolles penchent la tête. En les frôlant, nous provoquons des averses de rosée. Pas de découverte. Les fleurs qui ornent les longues grappes ont toutes un éperon courbe. Virgule, virgule, virgule encore. Pauvre Bill en a plein les bottes. Ah ? Non, virgule toujours. Il fronce les sourcils, serre les dents. À l'air d'un ours contrarié de ne pas trouver le rayon de miel.
– Vous êtes sûr que…
– Oui. Pas l'ombre d'un doute. Continue.
La carrière referme la paume. Nous prend à la gorge. Tout à l'heure nous escaladerons les talus. Au milieu des blocs de pierre, un fumier sans ferme.
Carcasse de bagnole. Brouette abandonnée. Depuis hier ? Un mois ? Un an ? Au pied de la brouette, des touffes de Crucifères aux fleurs blanches, l'Ibéris amer, plante commune, mais je ne l'ai pas vue depuis vingt-cinq ans. La

dernière fois, je promenais dans une friche le landau de ma fille, une merveille. Les yeux : plus bleus que le ciel bleu.
– À Petit-Mesnil, commence Sylvain.
– M'en fous. Cherche.
Il prend l'air ours. Se dandine. File en plantigradant sur la pente. Disparaît de mon ciel. Je cueille un Ibéris. Revois le landau, la friche. Un scarabée, non, je ne sais plus, quelque chose qui bouge. Les yeux bleus de ma petite. Je les scrute. N'y lis pas ce qui l'attend. Suis trop jeune. Trop bête. En haut de la pente, reparaît la tête de Sylvain. Sourire fendu jusqu'aux oreilles.
– Venez voir !
Je viens. L'animal a découvert une station d'Épipactis des marais, dont il existe une forme calcicole. Les fleurs, pendantes, ont l'air de tendre une sébile. Irréelles, comme les personnages de Saxe. L'épichyle, un jabot de dentelle. Versailles. La reine s'apprête. Les courtisans chient dans les couloirs. Du château et du parc qui le ceint monte cette puanteur parfumée que le peuple ne comprend pas. Inodore, l'Épipactis des marais, régent pâle au milieu des courtisans frelatés.
Nous déjeunons dans un restaurant où tout l'est. Plats, vin, patron, servante sont également frelatés. Parlons foot, magouilles, orchidées. Sommes aussi piqués que le vin qu'on nous sert. Dehors, il ne bruine plus, il pleut. D'un geste Sylvain balaie la pluie, distingue un arc-en-ciel, l'avenir. Il a vingt-deux ans, l'âge idéal pour les coteaux calcaires.
– Arrête !
Il freine. Du talus bombé dévalent des vagues d'Inules à feuilles de saule. Les capitules, qui paraissent morts, sont vivants, les feuilles tordues par un remords argenté. Nous grimpons, vineux comme des carpes. Grand éperon, encore, toujours. Une campanule, un peu moins laide que les autres, l'agglomérée (*glomerata*). L'Orchis moucheron a colonisé les lieux. Sylvain baisse les bras, je les lève. Je les baisse, il les lève. Vient de trouver une plante qu'il ne connaît pas.
Nous sommes ailleurs, toujours dans l'après-midi pluvieux. Autre village, autre coteau. Décor planté comme sur un tableau japonais. Un seul pin, quelques bouleaux. Et puis l'herbe, dont on peut compter les brins, à la fois plus rase et plus verte qu'ailleurs. La lumière : *sous* la pluie.
L'inflorescence est conique, d'un rouge minium. Les fleurs ont l'air ripolinées. L'Orchis pyramidal, seul souvenir que j'ai de mai 68. J'étais dans les Ardennes, traduisais le matin les poèmes d'Anne Brontë. L'après-midi, chasse à l'Orchis pyramidal. Pas de nouvelles du monde, ou de vagues. La Bourse brûlait. Et alors ? Par monts, friches, vallons, ruisseaux j'errais, passant au peigne fin de l'œil tout ce qui était calcaire ou pouvait l'être. La Odile Herbin, demeurée, pissait dans la ruelle. De Gaulle s'en allait. Ah bon ? À Paris, les rats faisaient les poubelles, je donnais ceux que j'attrapais à la Mère Gauffard, ma voisine, qui en faisait des soupes musquées. À la Sorbonne, les étudiants refaisaient le monde, mais un monde où ne pousse par l'Orchis pyramidal est sans intérêt, me disais-je, je reviendrai demain, ou après-demain, en tout cas pas avant de l'avoir trouvé. Bien le temps d'aller jaspiner culture, société, *après*.
J'ai dû rentrer, avec ma belle-mère et son chien, trônant à l'arrière d'une camionnette bourrée de victuailles, conduite par l'épicier du village, héroïque soldat de ces temps troublés. Pas plus tôt arrivé, en banlieue, poussant entre les interstices du béton, devant un réfectoire, première chose vue : cet Orchis, tant cherché « dans la Nature ». J'en ai vu depuis des milliers, en Bourgogne notamment, où il pousse dru

comme grêle sur les talus, celui que j'ai sous les yeux est si rouge qu'il donne envie de hurler. Je raconte l'histoire à Pauvre Bill, qui ricane, en 68 il vient de s'échapper de son berceau, vingt ans plus tard se renseigne sur la taille de l'Herminium clandestin, dit que l'herbe est si haute que...
– Mais à Petit-Mesnil...
– Cesse de m'emmerder avec Petit-Mesnil. Nous n'avons encore rien trouvé de ce que nous sommes venus chercher.
Pour l'herbe, il a raison. Autant chercher une aiguille dans un lupanar, une jeune fille dans une meule de foin, ce qui, le lecteur en conviendra, reste donc fort possible. L'ennuyeux est que l'après-midi avance à grands pas, qu'il n'a pas cessé de pleuvoir et que nous avons des pantalons dont chaque jambe pèse une tonne. Ce soir, « la voiture de papa » sera dans un bel état. Passons. Arrêtons-nous plutôt. Repartons. Arrêtons-nous encore. Un éperon court, enfin. Hélas, c'est l'hybride. Le bâtard d'*odoratissima* et de *conopsea*. Courage : puisqu'il y a le fiston, il doit y avoir papa et maman. Je trouve papa – nous en avons déjà vu des milliers – pas maman, tenancière absente du lupanar. Aguiché par la métaphore, Pauvre Bill s'acharne. Boit bière d'herbe sur bière d'herbe. J'ai abandonné. Lui pas. Il trouve la Gymnadénie en pleine floraison et si odorante que le coteau soudain embaume.
– Ce que je voulais vous dire, c'est qu'à Petit-Mesnil, j'en ai déjà vu des comme ça.
– Tu ne pouvais pas le dire plus tôt ?
– Mais...
Nous y allons. C'est dans l'Oise, une maison en pierre meulière. Au frigidaire, du champagne. Sur le coteau, un champ de blé mûr, cuivré par le soleil. Les épis ondulent. Çà et là ondule aussi une graminée plus subtile, l'*Agrostis spica venti*, le seul duelliste dont le fleuret soit capable de rivaliser en finesse avec l'invisible fleuret du vent.
– C'est la carrière que je veux vous montrer. Ça me paraît la même chose que ce que nous avons vu hier.
Et comment. C'est même l'une des plus belles stations calcaires de l'Île-de-France. Mais nous n'y trouvons rien. C'est-à-dire seulement des choses que nous connaissons déjà. Sur la couronne chauve, sous les pylônes, des Ophrys défleuris. *Spegodes* ou *litigiosa*. L'année prochaine, fin mars...
– Dommage, dit Sylvain, dépité que la montagne de Petit-Mesnil soit en train d'accoucher d'une souris. Mais il y a encore un endroit...
Un chemin raide, dans la touffeur humide de juin. En haut, le blé. Mouches, Épiaires puantes, bariolées. Et tout ce qui pousse dans le moite, Alliaire, Herbe aux chats. Et puis des lanières qui rendent la pénombre sifflante. De vingt mètres en vingt mètres, sur le haut talus du sous-bois, semblable à une méduse étalant dans les vagues de l'ombre de longs filaments oléifères, pousse l'Orchis bouc (*Himantoglossum hircinum*) à odeur douceâtre, aromatique, qui engourdit l'esprit comme l'opium, étouffe l'âme en lui collant un tampon musqué sur les lèvres, ici totalement fleuri, si évident qu'il est invisible et que nous marchons presque dessus. Et non seulement sur le talus du sous-bois, mais dans les broussailles de la crête, une hampe après l'autre balisant le chemin jusqu'à la grotte et, plus loin, une fois franchi le Phlégéthon, jusqu'au réduit de pierre où Mégère est assise, la ricanante, qui n'a pas de vipères dans les cheveux mais des buissons d'Himantoglosses aux longs labelles flagellants.
Il y a, dans l'Ardenne pouilleuse, un bois de pins où l'on éprouve la sensation que l'on ne mourra jamais. Le sol y est aérifère, comme

l'âme. Tout est poreux. Même par temps calme, les branches des pins attirent des vents imperceptibles ailleurs.
Stoïcien à aiguilles, le bois respire, sans cesse, sans cesse, tac-à-tac, tac-à-tac, pousse une chanson, une romance, une gueulante. Inépuisable, le souffle là-haut, les bestioles, renard ou belette, lèvent le museau et hument la vie. On peut rester des heures dans ce bois. Une laitue m'a regardé, œil bleu haut perché sur la tige. Dans les blés cernant la lisière, les guirlandes fleuries du calcaire : Centaurées bleuets, Coquelicots qui meurent, Adonis goutte-de-sang. Et puis les Papilionacées, Gesses, Coronilles, Ononis à étendard déployé, la venimeuse épine est dessous. Les Vipérines à bleu d'outre-nuit, et cette horreur, l'Ancolie.
J'y ai trouvé un Séneçon rare, le visqueux, et plus tard en automne, dans la nuit de cinq heures de l'après-midi, des Inocybes impossibles à déterminer, sous un après-ciel ourlé de rouge betterave. Quelque chose respirait, le vent, les branches, la vie. Respirait là, qui était moi peut-être, mais devenu chose, branche ou plante ou rognon de craie, un moi-plante, linnéennement absurde : un respirant.
Au revers du talus, d'autres moi-plantes, mais en juillet, jusqu'à la mi-août certaines années, infimes, les fleurs d'un blanc cassé, en spirale, bordées de longs poils, les feuilles en rosette rampante, les stolons blancs donnant naissance à une nouvelle rosette, légion d'honneur du bois.
Je n'ai jamais trouvé, de cette petite Orchidée, la Goodyère rampante, rare et commune, légion ici, absente là, la variété *ophioides*, aux feuilles semblables à une peau de serpent.
Je dis à Pierre : « Pour *Goodyera repens*, ne vous inquiétez pas, j'en connais une station dans les Ardennes. » Les ronces, hélas, ont envahi le substrat, tué l'air qu'il faut à la plante, détruit les spirales, étouffé le souffle qui faisait vibrer les poils. Et le bois ? Pour combien de temps en a-t-il ? Il suffit d'un rien. Une poussée d'avarice chez le propriétaire, un remembrement imbécile.
Autour de chez moi, tout est détruit. Les vergers abandonnés où poussaient les morilles, bijoux de l'herbe. À Pâques, le ciel était voilé de gaze grise. Dans les buissons venaient les bouvreuils, gouttes de sang entre les bourgeons. On était là, dans ces vergers, comme dans un œuf à l'instant où le poussin, du bec, brise la coque. La première image, après la fracture, est celle, tremblante, des Cardamines, qui n'existent que pour les yeux de l'innocence. La seconde... Il n'y a jamais de seconde image. Tout est premier ou n'est pas.
N'est plus. Où est le bosquet de peupliers où poussaient les Épipactis ? *Leptochila*, l'Hellébo-rine à labelle étroit, que l'on ne trouve guère ou que l'on trouve atypique, qui vous nargue, vous dit c'est moi – ce n'est pas moi, s'avance comme l'écrivain de Barthes – que ça date, tout ça – masqué. Et le champ d'Inules aunées ? Et les haies creuses où sautillaient les merles, où s'enfilaient les belettes aux yeux convulsés de rage ?
Rien de tout cela n'existe plus. Pour remembrer les parcelles, on a démembré le vivant. Pour un mieux-vivre des gens habitant les lieux à l'année ? Certes non. Disons, par idéologie : pour que les culs-terreux n'aient plus de terre où on pense. C'est-à-dire pour que la culture (du maïs) dont l'uniformité est rentable – même si la rente est dérisoire – permette d'accéder à la culture (de la télé) parce que cultiver le maïs, sur ce terroir, c'est cultiver l'oisiveté et que l'oisiveté est mère du petit écran. Le mieux-vivre est un mieux-mourir, mieux mourir signifiant mourir en ayant « intégré » les valeurs de son temps.

Aussi, à la limite d'un blé, je cueille quelques pieds d'Éthuse, mais à qui donner les racines? Les Promoteurs, le Plan, le Remembrement : l'Idéologie est abstraite. Hydre aux mille têtes, chaque tête : personne. Je ne vais tout de même pas donner un pied de ciguë à Jean-Marc, châtré d'une parcelle, remembré d'une autre. Je le revois, gamin, m'apportant la Néottie ovale et les deux *Platanthera* (l'Orchis verdâtre, l'autre à deux feuilles) il y a vingt ans, vingt-cinq ans?
– Où les as-tu trouvés?
– Dans les vergers, près de l'ancien lavoir.
Plus de vergers. Plus de lavoir. Le ciel, s'ils l'avaient pu, ils l'auraient remembré. Reste la rivière, qui ronge les pâtures. Avec les gosses petits, nous la traversions à gué. Une année, un loriot a survolé le pré. Une autre : un martin-pêcheur. Quelques saules, sur la berge, un hiver ont été emportés. J'ai erré, à la décrue, avec des milliers d'oiseaux. Pris l'été, sous les renoncules flottantes, un barbeau qui a lutté avec la force d'un requin. L'ai jeté sur le pré. Ma fille – quatre ans, cinq ans? – l'a remis à l'eau dès que j'ai eu le dos tourné. Françoise avait un chignon, un beau cul, elle l'a toujours. Immuables, les Scrofulaires bâillant grenat le long des berges.
Ou dans les lieux humides. J'en trouve aussi au Mont Damion, il y en a trois, vous ne saurez pas duquel je parle. Dans les environs, j'ai repéré l'Épipactis le plus rare, le pourpré. Les fleurs ne le sont pas, la tige l'est. Ou d'un invraisemblable rose. Mais rien. Pas de lueur rosée dans le sous-bois. Il est trop tôt. Ou trop sec. Restent les raisins de renard, amers, mais d'un bleu-noir qui console.
Direction prairie inondée. Trop sec pour *purpurata*, trop tard pour les Dactylorhiza, en pleine floraison deux semaines plus tôt. Toute la gamme : *majalis, incarnata, praetermissa*, piquant le pré de pourpre, s'hybridant, ne s'hybridant pas, classiques, baroques, typiques, atypiques, un monde à donner le tournis. Sur les ombelles, au bord de la route, bourdonnent les mouches. Le bois frémit. Un souffle. L'âme qui s'envole? À la lisière des charmes, presque privée de chlorophylle, pousse la Néottie Nid-d'oiseau. Elle m'agace, cette orchidée, pas envie de l'envoyer à Pierre. La racine est curieuse, en forme de nid d'oiseau. Pas n'importe lequel. Pas un nid de pinson ou de fauvette couturière. Un nid curieux, perché sur la tête d'un drôle d'oiseau, Henri Meschonnic, linguiste à Paris VIII. Le lecteur sceptique s'y rendra, verra le nid de cheveux sur le crâne de l'oiseau. Aura, *in situ*, une image fidèle de la racine de cette capricieuse Orchidée.
Je ne sais plus qui disait (si, je le sais, l'ahurissant docteur Poucel) que l'on ne trouve pas toujours ce que l'on cherche mais que l'on trouve quelque chose. Certes. Que je sois pendu, cependant, si je ne trouve pas l'homme pendu. Sur le coteau, à deux pas de chez moi, l'un des seuls à avoir échappé au remembrement. Certaines années, cette Orchidée (*Orchis antropophora*) pousse en telle abondance que le coteau – si l'on consent à se faire lièvre et à regarder au ras des herbes – a l'air d'une colline hérissée de potences. À chaque gibet se balance une grappe de pendus, les fleurs.
Et pas que des pendus. Des leurres vivants, aussi, les Ophrys. Lièvre pour voir les pendus, l'œil devient alouette pour se prendre aux miroirs. Le labelle large, étalé, recouvert de velours de Gênes, se balancent au vent aigrelet ces gros insectes végétaux que l'on appelle *fuciflora* ou *holosericea*. Peu importe le nom. La fleur fait signe, vous prend au leurre. Le monde alors change de couleur. Vous n'êtes plus monsieur ou madame, fonctionnaire ou bougnat, amiral

ou pervers étiqueté polymorphe, vous êtes l'insecte pollinisateur.
– Mais c'est une banalité, cet Ophrys.
– Et ça, c'est une banalité, ça !
Le labelle est déformé. On dirait un écu cabossé par les coups d'épée, dans une clairière où chante une source du temps de Merlin l'Enchanteur. La gente dame se rafraîchit, l'écuyer compte les coups. L'écu n'en a plus pour longtemps. Oui mais la force de Gauvain augmente à tierce, quintuple à quarte. Dans les cimes du monde court encore un souffle aventureux.
L'écu dépenaillé est le labelle d'une rareté, l'Ophrys du Troll, abeille dégénérée. Plus loin, à la mort du coteau, une autre plante peu commune, la variété *aurita* de l'Ophrys abeille, aux sépales verts étroits ressemblant à des cornes.
Ne touchez pas au coteau. L'Ophrys du Troll dispense des sortilèges. À la première atteinte, vous errerez, dément, dans la forêt, comme Lancelot portant sa tête sous son bras. Ou tuerez votre frère, comme Balin, en croyant tuer votre ennemi.
Poirier ? En grande conversation avec le comte Furfur, dans le quartier Saint-Lazare. En obsessionnel averti, le comte débarrasse le trottoir de tous les mégots qui s'y trouvent. Ils marchent à petits pas, parlant mouches. Poirier en attrape une dans le R.E.R. Énorme, à l'abdomen sanglant, me l'apporte. Je l'épingle. Ne la garderai pas longtemps, le comte viendra la reprendre.
C'est l'automne. Je marche, moi aussi, à petits pas sur le coteau. Mais n'y trouve pas le Spiranthe, longue tresse aux fleurs blanc verdâtre à odeur de fourmi, presque éteint en France, alors qu'en Irlande on trouve le Spiranthe dressé, curieusement nommé *Spiranthes romanzoffiana* par le non moins curieux Chamisso, pseudonyme de Peter Schlemihl, qui vendit son ombre au diable pour se consacrer à la Botanique.
La Botanique, Linné la voulut dichotomique, elle ne l'est pas toujours : Menthes, Épervières, Saules s'en moquent, jouent à être trompeurs, prenant ici un visage, là un autre. Le monde, lui, est coupé en deux : d'un côté ceux qui ont *vu* l'Ophrys mouche, de l'autre… Imaginez la bouille d'Aristote à cette question : est-il possible qu'une fleur soit en même temps une mouche ? Vert de rage, le Stagirite.
Il ne s'agit pas d'une de ces « merveilles de la Nature » mais d'un leurre, d'une imitation si remarquablement imparfaite qu'on ne la perçoit pas comme une imitation car, il ne faut pas s'y tromper, c'est la perfection qui met la puce à l'oreille. On ne se méfie pas d'une imitation grossière, on donne dans le panneau. Qui ? Vous, moi, les mouches. Découvrez le secret du coteau. Pour trouver cet Ophrys, il faut d'abord relire la lettre volée. Quand vous serez Dupin, vous verrez l'Ophrys. Vous en verrez des milliers, ils poussent sous vos yeux, vous les avez pris pour des mouches, vous ne les avez jamais vus.
J'ai le souvenir d'un saisissement. Ma mère vivait. C'était le vingt-cinq mai, jour de son anniversaire. Il y avait dans l'air comme une buée. Les Syrphes aux ailes bruissantes, immobiles au-dessus du sentier à la manière des crécerelles, et ces grelots imperceptibles, les marottes des langues de carpe, « guirlandes de clocher à clocher ». Les clochers ? L'évidence de l'invisible dans la trame. Un jour, ma mère me chantait la chanson de Blanche-Neige. Me dit : « Regarde, en voilà un. » J'ai *vu* le nain. Je lui dis : « Regarde, ce n'est pas une mouche, c'est une fleur. Cadeau pour ton anniversaire. » Elle avait de longs doigts comme Blanche-Neige, ma mère. De longues ailes comme une mouche, la fleur.
Je m'étais allongé sur le coteau. Le silence, comme toujours en mai, bourdonnait. J'avais

pas mal marché, trouvé une Épiaire incongrue en ces lieux, celle des Alpes, aux fleurs entourées d'un fourreau de soie. La sueur me bourdonnait aussi sur le front. Fleurissaient encore les Orchis batailleurs, le militaire au casque pâle nervé de rose ou de violacé, le pourpre, aux grandes hampes bariolées.

D'humeur triste, j'avais cherché le petit singe de chlorophylle, qui aurait dû être là, n'y était plus. J'aime bien l'Orchis singe, qui fleurit par le haut comme la vie et rappelle discrètement que le monde est à l'envers. La sueur m'est tombée sur les yeux. M'a salé les cils. Entre chaque cil, une fissure. Dans chaque fissure, une mouche. Mais immobile. Une mouche qui ne s'envolait pas.

Au bourdonnement des insectes se mêlait celui des fissures, ce qu'il faut bien appeler un bourdonnement végétal, quelque chose comme le bourdonnement du silence dans l'imaginaire. Un bruit, si l'on veut, qui n'existe pas, mais irrécusable : que l'œil entend et que l'oreille voit. J'ai donc vu par l'oreille une fleur et entendu par l'œil une mouche. Vu un Ophrys, puis deux, puis mille. Aujourd'hui, quinze ans plus tard, ils sont encore là, mais en fin de floraison, comme ma mère qui est morte. L'Épiaire s'obstine à perdurer, sont apparues des Ancolies. J'ai fait, en Botanique, de vagues progrès, cherché et trouvé, de l'Orphys mouche,un sosie de la variété *Aymoninii* signalée jusqu'à présent seulement sur le causse Noir. Et puis une autre rareté, l'Ophrys de Botteron, que je ne sais pas distinguer de *jurana* ou de *friburgensis*, sans doute parce que ce sont les mêmes. Les défenseurs de la Nature sauront que, la première fois que je l'ai rencontré, le prenant pour un tardif Ophrys abeille, dans mon ignorante innocence j'en ai fait un bouquet. Eh oui, un bouquet. La station est prospère, j'aurais pu tous les ans cueillir un bouquet de ces Ophrys en fleur sans la dépeupler. Ne me haïssez pas. Regardons ensemble les milliers de Gymnadénies et ces hallebardes aux tiges duveteuses, l'Helléborine rouge, *Je suis Légion*. Et puis cette plante laide et rare, la nuque pendante, offerte au couperet, l'Helléborine de Mueller. Ne me haïssez pas si j'introduis le doigt comme un dingue entre les lèvres jaunes des Céphalanthères. À l'automne avec le vent d'Allemagne viendront les Gentianes dont le violet console, les Buplèvres et les Carlines, soleils acaules.

Si vous sentez la haine en vous monter, ne vous trompez pas de cible. Ce lieu est propriété privée. Sur la gauche, il ne reste rien. La colline est chauve, les bulldozers sont passés. Sur la droite, les coupes de bois sont de plus en plus nombreuses. La partie calcaire du coteau, où poussent les Orchidées, survit miraculeusement. Mais je ne crois pas aux miracles. Il me semble même que j'ai vu l'endroit cette année pour la dernière fois.

Maintenant le soleil se couche. Je suis là-haut, sur le toit du monde, à huit cents mètres. Dans le haut marais qui endort les sens, les drogue, rend l'esprit gourd comme le bout des doigts, flambe la même captieuse lumière que dans la tourbière de la Magne. Un coup de vent soulève un nuage d'insectes. Sous les aulnes, taurillons, génisses se frottent contre les troncs. Ont la queue cinglante, les taons piquent aux couilles, pompent au tendre du pis. Un freux, noir comme un soulier de deuil, croasse. Bâille, lâche un fromage, ma vie jusqu'à cet instant. Sent-elle bon ? Mauvais ? Y a-t-il un chapitre, un paragraphe, une phrase, un mot, qui aient un prix quelconque pour quelqu'un ?

Compte-t-on la vie en fleurs cueillies ? Alors la mienne est pleine de crimes. M'accuse la Gentiane des marais, celle que je trouve ici, que

je ne peux me résoudre à laisser vivre car j'ai besoin de l'avoir sous les yeux pour perdurer. La faute au bleu, il m'atteint l'âme, cette chose qui m'habite par moments.
Un freux bâille, feuillette les pages de la Monographie des Gentianes du professeur Kuznetzow (de Petrograd), un opuscule de cinq cent sept pages. Croasse sur deux notes, une blanche, une noire, dichotomiquement, comme le baron von Linné. Autrefois ma mère loua à Cannes une villa, celle du baron Conrad, membre du Jockey Club, un escroc. Alentour fleurissent les Dactylorhiza. *maculata* ? Pas vraiment. L'espèce type, pour moi, est celle des prés inondés de ma cousine, la baronne Jordis-Lohausen. Ici, ces plantes des hauts marais sont différentes. Je ne parle pas du Dactylorhize des sphaignes (*shagnicola*) que je connais depuis des années, bien avant qu'il ait été signalé en France, en ce lieu précisément qui ne ressemble à aucun autre. Mais de ces plantes qui pullulent, fragiles hampes, l'Orchis des tourbières (*ericetorum*) ou des landes à bruyères, aux longues feuilles maculées atteignant presque la base de l'inflorescence.
En avançant, on découvre à la lisière des aulnes quelques îlots de plantes curieuses, très différentes, aux feuilles immaculées ou à macules inavouables. Les fleurs sont blanches, à peine rosées ou lilacées sur les bords du labelle. Un albinos ? Non, les pollinies sont violettes. Une immigrée, et clandestine, sans papiers nomenclaturaux, l'Orchis de Transylvanie ou son équivalent à l'Ouest. Aux alentours poussent la Russule jaune clair (*claroflava*) dont le pied grisonne ou noircit comme du charbon et une autre petite Russule plus rare, alnicole, *pumila*, la naine, dont le pied ressemble à de la ouate grise gonflée d'humidité.
En avançant encore – mais n'a-t-on pas reculé en ces lieux où vacille la géographie des sens, où l'espace n'est plus l'espace, mais une sorte de temps *presque* retrouvé, qui désoriente car à l'instant où l'on y pénètre, il n'y a plus de différence entre ce qui est perdu et trouvé, plus rien à perdre ni à trouver –, en avançant encore on peut, sous le soleil rasant, percevoir dans la fugue monumentale des Orchis à feuilles maculées d'autres variations intéressantes, comme celles de Beethoven sur une valse de Diabelli. Ici la variation *elodes*, aux tiges musicalement plus souples, avec un accord rose-rouge au sommet et une tonalité en ré majeur dans le dessin des fleurs. Là, quelques bouquets de plantes mineures (variation *drucei*, peut-être) poussant en sourdine et ne montrant que de rares fleurs à peine audibles, mais dont le dessin hurle comme un sourd l'hymne à la joie.
J'ai donc passé la frange des Linaigrettes. Suis dans le monde où le soleil se couche, se couche toujours. Ici, c'est le paysage qui se répète. Une étendue ondule jusqu'à un pin rabougri. Puis une autre étendue jusqu'à un autre pin. Les mêmes petites vipères s'enfuient sous les mêmes pas. Les bottes deviennent lourdes, l'eau les tire. L'âme torse comme les branches qui se répètent.
Il n'y a plus de repères. Plus besoin. Alors il faut regarder. S'accroupir. Ramper dans les carex. Ramper longtemps, des années. Le mufle au ras de l'eau qui suinte, glougloute dans les trous. Respirer l'odeur douceâtre de la vase qui prend à la gorge. Les Droséras, ceux à feuilles rondes, attendent. Un moucheron se prend au leurre. Mort infime. Mais on est soi-même Droséra, ou moucheron, ou carex, ou papillon.
Ce que je cherche c'est l'*Hammarbya* des marais, ainsi nommée en l'honneur d'Hammarby, une ville suédoise où Linné avait une résidence d'été. Une Orchidée pas plus haute qu'une allumette dans une végétation gullivérienne.

J'ai connu, dans une société savante, un général sourd qui a passé sa vie à la chercher. Ne l'a jamais trouvée. De désespoir s'est tiré une balle dans la tête.
Ramper encore. Puis regarder le ciel. Mais il y a beau temps que le ciel est passé. Ma mère est morte. Je suis vivant. Vivant toujours. Quand je ne serai plus personne, quelqu'un d'aimé, ma femme, mon fils, ma fille, personne peut-être, viendra en ce lieu désert disperser le sac de nœuds, de nerfs, de sang, qui aura été ce que je suis encore, *ashes to ashes*, comme dit l'autre.

Table des chapitres

Patrick Reumaux
Chasses fragiles

PLANCHES

Iconographie de Pierre Moënne-Loccoz

Sabot de Vénus

Cypripedium calceolus

Doucy, Haute-Savoie

P. Moënne-Loccoz

Orchis de Fuchs

Dactylorhiza fuchsii

Sommet du Semnoz, Haute-Savoie

P. Moënne-Loccoz

Orchis de Fuchs

Dactylorhiza fuchsii

Sommet du Semnoz, Haute-Savoie

Fleur d'orchis maculé (en bas à droite)

Dactylorhiza maculata

P. Moënne-Loccoz

Orchis incarnat

Dactylorhiza incarnata

Environs de Lescheraines, Savoie

P. Moënne-Loccoz

Orchis des marécages

Dactylorhiza maculata, subsp. elodes

Marais des Hauts-Buttés, Haute Ardenne

P. Moënne-Loccoz

Orchis des marécages (à gauche)

Dactylorhiza maculata, subsp. elodes

Marais des Hauts-Buttés, Haute Ardenne

Orchis des bruyères (à droite)

Dactylorhiza maculata, subsp. ericetorum

Marais des Hauts-Buttés, Haute Ardenne

P. Moënne-Loccoz

Orchis des bruyères

subsp. ericetorum, forme atypique

Marais des Hauts-Buttés, Haute Ardenne

Fleur de l'orchis maculé

Dactylorhiza maculata

P. Moënne-Loccoz

Orchis de Mai

Dactylorhiza majalis

Mont Damion, Argonne ardennaise

P. Moënne-Loccoz

Orchis de Mai

(fleurs de plusieurs populations dans une prairie inondée)

Mont Damion, Argonne ardennaise

P. Moënne-Loccoz

Orchis de Savoie

Dactylorhiza savogiensis

Evires, Haute-Savoie

P. Moënne-Loccoz

Orchis de Savoie

Dactylorhiza savogiensis

Rumilly, Haute-Savoie

P. Moënne-Loccoz

Orchis des sphaignes

Dactylorhiza sphagnicola

Marais des Hauts-Buttés, Haute Ardenne

P. Moënne-Loccoz

Épipactis à labelle étroit (à gauche)

Epipactis leptochila

Environs de Toges, Argonne ardennaise

Épipactis à larges feuilles (à droite)

Epipactis helleborine

Tourbière de La Magne, Haute-Savoie

P. Moënne-Loccoz

Epipogon sans feuilles (à gauche)

Epipogium aphyllum

Massif des Contamines, Haute-Savoie

Racine de corail (à droite)

Corallorhiza trifida

Massif des Contamines, Haute-Savoie

P. Moënne-Loccoz

Goodyère rampante

Goodyera repens

Environs de Juniville, Ardenne pouilleuse

P. Moënne-Loccoz

Orchis très odorant (à gauche)

Gymnadenia odoratissima

Environs de Soissons, Aisne

Fleur d'orchis moucheron (à droite)

Gymnadenia conopsea

Environs de Soissons, Aisne

P.Moënne-Loccoz

Néottie à feuilles en cœur

Neottia cordata

Massif des Contamines, Haute-Savoie

P. Moënne-Loccoz

Ophrys du Troll (en haut)

Ophrys apifera var. trollii

Environs de Semuy, Argonne ardennaise

Ophrys à longues oreilles (en bas)

Ophrys apifera var. aurita

Environs de Neuville-Day, Argonne ardennaise

P. Moënne-Loccoz

Ophrys mouche (à gauche)

Ophrys insectifera, forme atypique

Environs de Charleville, Ardennes

Ophrys de Botteron (à droite)

Ophrys apifera var. botteronii

Environs de Charleville, Ardennes

P. Moënne-Loccoz

Ophrys aurélien (à gauche)

Ophrys aurelia

Environs de Marseille

Ophrys jaune (à droite)

Ophrys lutea

Andalousie

P. MOËNNE-LOCCOZ

Ophrys bécasse (à gauche)

Ophrys scolopax

Environs de Notre-Dame des Maures, Var

Ophrys frelon (à droite)

Ophrys fuciflora

Environs de Neuville-Day, Argonne ardennaise

P. MOËNNE-LOCCOZ

Ophrys splendide

Ophrys splendida

Environs du Luc, Var

P. Moënne-Loccoz

Ophrys miroir (en haut à gauche)
Ophrys speculum
Andalousie

Ophrys frelon (à droite)
Ophrys fuciflora
Environs de Semuy, Argonne ardennaise

Ophrys guêpe (au centre)
Ophrys tenthredinifera
Andalousie

Ophrys bécasse (en bas à gauche)
Ophrys scolopax
Environs de Notre-Dame des Maures, Var

Ophrys bécasse (en bas à droite)
Ophrys scolopax
Environs de Notre-Dame des Maures, Var

P. Moënne-Loccoz

Orchis de champagneux (à gauche)

Anacamptis champagneuxii

Environs du col de Gratteloup, Var

Orchis peint (à droite)

Anacamptis morio subsp. picta

Environs du col de Gratteloup, Var

P. Moënne-Loccoz

Orchis singe

Orchis simia

Environs de Juniville, Ardennes pouilleuse

P. Moënne-Loccoz

Orchis bouffon

Anacamptis morio

Région d'Annecy, Haute-Savoie

P. Moënne-Loccoz

Orchis bouffon

Anacamptis morio, forme atypique

Environs de Vieugy, Haute-Savoie

P. Moënne-Loccoz

Hybride entre *Orchis laxiflora*
et *Orchis morio subsp. picta* (à gauche)

Orchis peint (à droite)

Orchis morio subsp. picta

Environs d'Hyères, Var

P. Moënne-Loccoz

Orchis papillon

Anacamptis papilionacea subsp. grandiflora

Environs du Luc, Var

P. Moënne-Loccoz

Orchis de Spitzell

Orchis spitzelii

Massif de la Sainte Baume, Bouches du Rhône

P. MOËNNE-LOCCOZ

Sérapias en cœur

Serapias cordigera

Environs du col de Babaou, Var

P. Moënne-Loccoz

Sérapias en cœur

Serapias cordigera

La Colle Noire, Var

P. Moënne-Loccoz

Sérapias langue

Serapias lingua

Bois du Rouquan, Var

P. Moënne-Loccoz

Sérapias négligé

Serapias neglecta

Environs de Bormes-les-Mimosas, Var

P. Moënne-Loccoz

Sérapias hybride

Serapias olbia

Environs de Hyères, Var

P. Moënne-Loccoz

Sérapias à petites fleurs

Serapias parviflora

Presqu'île de Giens, Var

P. Moënne-Loccoz

Sérapias de Jeanine

Serapias vomeracea subsp. joaninae

Détails des fleurs. Microscopie des poils du labelle

Sérapias de Jeanine

Serapias vomeracea subsp. joaninae

Environs de Hyères, Var

P. MOËNNE-LOCCOZ

Sérapias hybride (à gauche)

Serapias olbia

Environs de Hyères, Var

Sérapias en soc (à droite)

Serapias vomeracea

Environs de Notre-Dame des Maures

P. Moënne-Loccoz

Table des planches

Index nomenclatural des plantes figurées

Epipogium aphyllum Swartz, 1814

Goodyera repens (Linné) R. Brown, 1813

Gymnadenia conopsea (Linné) R. Brown, 1813
Gymnadenia odoratissima (Linné) Richard, 1817

Neottia cordata (Linné) Richard, 1817

Ophrys apifera Hudson, 1761
Ophrys apifera var. aurita (Moggridge) Gremli, 1887
Ophrys apifera var. botteronii (Chodat) Brand, 1905
Ophrys apifera var. trollii (Hegetschweiler) Reichenbach, 1851
Ophrys aurelia Delforge, Devillers-Terschuren & Devillers, 1989
Ophrys fuciflora Moench, 1842
Ophrys insectifera Linné, 1753 (forme atypique)
Ophrys lutea Cavanilles, 1793
Ophrys scolopax Cavanilles, 1793
Ophrys speculum Link, 1799
Ophrys splendida Gölz & H. R. Reinhard, 1980
Ophrys tenthredinifera Willdenow, 1805

Orchis laxiflora Lamarck, 1779
Orchis militaris Linné, 1753
Orchis simia Lamarck, 1779
Orchis spitzelii (Sauter) C. Koch, 1837

Serapias cordigera Linné, 1763
Serapias lingua Linné, 1753
Serapias neglecta De Notaris, 1844
Serapias olbia Verguin, 1907
Serapias parviflora Parlatore, 1837
Serapias vomeracea (Burman) Briquet, 1910
Serapias vomeracea subsp. joaninae (Reumaux) Reumaux, 2012

Table des matières

Ce volume,
le deuxième de la collection
« De natura rerum »,
publié aux éditions Klincksieck
a été achevé d'imprimer en octobre 2014
sur les presses de l'Imprimerie SEPEC,
01960 Péronnas.

Impression & reliure SEPEC – France
Numéro d'impression : 04705141003 – Dépôt légal : novembre 2014
Numéro d'éditeur : 00195

PEFC 10-31-1470 / Certifié PEFC / Ce produit est issu de forêts gérées durablement et de sources contrôlées. / pefc-france.org